JN207168

陶芸で多面体

フラーレン、ナノチューブ、トポロジー

Ceramic Art Approach to Polyhedrons

Fullerenes, Nanotubes, Topology

石黒武彦●著

Takehiko Ishiguro

萌書房

まえがき

　陶芸に取りついて，伝統工芸作家の手になる壺や鉢などに引かれつつも，造形の手掛かりを幾何多面体や数理モデルなどに求めることにした。美的に優れた形を生み出すには洗練された技とアートの感性が必要だが，数理には自然の法則性がもたらす美があるからだ。しかし，サッカーボールのような多面体をモチーフとして，壺，花瓶，さらに，展覧会での展示を目指したオブジェ造りを進めたところ，やがて取り上げるべき形体は尽き，新たに発想することを迫られるようになった。そのために，数理にかなう新奇の構造を案出することに向き合うことになったが，陶芸で許容される適度の変形と曲がりや捩れを取り入れることがその手掛かりとなった。

　幸い，いくつかの作品に公募展出展の機会が与えられた。幾何を背景とする新奇性が功を奏したようである。本書では，そのような作品の紹介を軸として，制作過程で向き合った多面体造形とともに，美につながる幾何の魅力を紹介することを試みる。そのために，背景にある数理を理解していただけるよう，単純な形体からスタートして，多面体からもたらされるいろいろな形体を，系統的に記述するよう心掛けた。作品の趣向を楽しんでいただくことができればと思うが，幾何多面体に関心を抱いて追っていただけるように記述を進めた。陶芸による直観像は，詳細な説明がなくても，多面体をあるがままに捉えることを可能にしてくれている。

　ところで，数理的な形体の表現にはコンピュータ・グラフィクスが活用されるが，見事な絵であってもそれを受けとめるには描画法を了解する必要がある。それに対し，木工や折り紙などによる実体作品には，視覚を通して直観的に受け入れさせる力があり，陶芸作品もその類に入る。認識できたものは，それを踏み台としてより高度なものに近づくことも可能にする。正二十面体を造形してみると，それを基として三十二面体であるサッカーボールの形体を理解することは容易になり，さらに発展させた形体にも手を伸ばすことを促がされた。

百聞は一見に如かず，緻密な論考がなくても，その当否を直観で検証しつつ，対象に迫ることができる方法は，発見的な (heuristic) 造形法といえる。幾何多面体を手はじめに，フラーレン，ナノチューブといった構造をモチーフとして造形を進め，エッシャーの不思議な絵に接近し，メビウスの環を角柱で実現するなどしているうちに，いつの間にか平面幾何からトポロジー（位相幾何学）世界に足を踏み入れていた。

　今や，造形手法として2次元のコンピュータ・グラフィクスに加えて3次元プリンターが活用されるようになっているが，グラフィックは実現不可能なものももっともらしく描出する問題があるし，3次元プリンターは実在物ありきとして，それを再現する手段にとどまっている。これに対し，可塑性素材で実体に向き合う陶芸は，存在物を手にしつつ発想し創作する手段になる。魅力的であっても複雑性ゆえに近づきにくいとしてきたものも，一目で捉えることができる実体像は，幾何構造を身近なものとして知ることを可能にする。本書では，陶芸によって，基本的な幾何形体に向き合うところから始めて，作品の幾何学的背景に触れつつ，複合化した多面体，不思議な多面体へと歩を進める。

　造形されたものをご覧いただければ，目次に並ぶ項目が何を指しているかを一目で理解していただけるのではなかろうか。幾何の書籍では詳細な説明を積み上げなくてはならないところを，実体の写真は一見で覚らせてくれる。各部の扉に案内のための図を置き，美術作品としたいとの思いで制作し展覧会に出展したものなどを並べたことが，和らぎをそえ，これによって多面体に近づきその魅力を共感していただけるようになっていることを願っている。

　作品の背景にある幾何構造を理解していただけるよう様々にアレンジする過程で，いくつかの発見にも巡り合えた。しかし，造形を楽しむために始めた陶芸である。論議にとらわれることなく，造形したものを興味深いものと受け入れていただくことができれば，幸いだ。

石 黒 武 彦

目　　次

陶芸で多面体

——フラーレン，ナノチューブ，トポロジー——

I サッカーボールとフラーレン

Soccer Balls and Fullerenes

サッカーボール

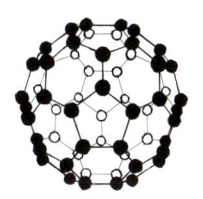

フラーレン分子

正多角形陶皿とプラトン陶杯
Regular Polygon Plates and Plato Cups

　陶芸による多面体の造形を，正多角形の角皿を造るところから取り掛かろう。陶芸の世界で広く取り上げられる角皿には，縁取りなどがつけられ，面内に模様が描かれる。まず，正五角形 (pentagon)。**図1-1**には，上方に反らせた平板に，形体を特徴づける幾何模様をつけた小皿を示す。

図1-1　正五角形の小皿

図1-2　正六角形の歯つき小容器

　図1-2には，正六角形（hexagon）の板に，歯車のような枠をつけて小容器としたものを示す。

　正多角形の角数は随意に取ることができる。

　図1-3には，正三角形（triangle），正方形（square），正七角形（heptagon）に，ひと工夫をつけた陶芸小皿を並べた。

　さて，立体造りの手始めに，正多角形で構成される正多面体である，正四面体（tetrahedron），立方体（cube），正八面体（octahedron），正十二面体（dodecahedron），正二十面体（icosahedron）の造形に掛かろう。これらはすべての面が同一の正多角形からなり，すべての頂点において接する面の数が等しい凸多面体となっている。その数は5種に限られる。[1]

　これら正多面体は，古くから知られていたが，最初に取りまとめて記録に残

1）　正多面体に関する参考書としては，たとえば，『正多面体を解く』一松信著，東海大学出版会（2002）。

図1-3　正三角形の板皿（上左），正方形の小鉢（上右），
　　　　正七角形の段つき皿（下）

図1-4　正四面体小杯（上左），立方体猪口（上右），正
　　　　十二面体ぐい飲み（中央），正八面体猪口（下左），
　　　　正二十面体小壺（下右）

したプラトン（Plato）の名を冠して，プラトン多面体 (platonic polyhedrons) と呼ばれている。プラトン多面体の面の形状は，正三角形，正方形，正五角形に限られるが，それは，正六角形になれば蜂巣模様の平面になり，正七角形以上では平面内に収まらなくなるからである[2]。

図1-4には，プラトン多面体に対応させて造った，小型の陶杯，ぐい飲み，猪口，小壺などを並べた。

2）平面に収まらない状況下での造形については，25章で取り上げる。

アルキメデス陶壺とサッカーボール
Archimedes Potteries and Soccer Balls

　プラトン多面体の頂点を，正多角形が残るように切断することによって得られる，準正多面体は，アルキメデス（Archimedes）の多面体と呼ばれている[1]。これらは，2種類以上の正多角形で構成され，頂点の形状はすべて合同となり，球の中にピタリと収まる凸一様多面体になっている。ユークリッド（Euclid）の時代から幾何学者たちによって研究され，ケプラー（Kepler）の包括的な研究によって13種あることが明らかにされている。

　アルキメデス多面体のうち，比較的少ない面数で構成されるものに対応した陶製小容器を，図2-1に示す。その右上の二十・十二面体は，レオナルド・ダ・ヴィンチ（Leonard da Vinci）が，辺と外接球の半径が黄金比で与えられる神聖な立体としていたものである。

　また，正二十面体の頂点を切断することによって得られるアルキメデス多面体は，サッカーボールの形状を持つ準正多面体に他ならない。それらしく見えるよう五角形を黒塗りし，天頂部を開口することによって壺状としたものを図2-2に示す。

　このサッカーボール模様の多面体には，12の正五角形と20の正六角形，そして60の頂点が認められる。ちなみに，頂点部に炭素原子（C）を配置した構

---

1) 『プラトンとアルキメデスの立体　美しい多面体の幾何学』ダウド・サットン著／駒田曜訳，創元社（2012）。

図2-1　アルキメデス多面体の陶壺：斜方立方八面体
（左上），二十・十二面体（右上），切頂八面体
（左下），切頂四面体（右下）

図2-2　サッカーボール壺（高さ10㎝）

造を持つC_{60}分子[2]（部扉に掲載）は，フラーレン（fullerene）分子と呼ばれ，ナノテクノロジー時代の寵児とされている[3]。その名は，炭素分子C_{60}の構造を明らかにするにあたって[4]，建築家バックミンスター・フラー（Buckminster Fuller）が設計した，三角形で球面を覆うジオデシックドーム（geodesic dome）[5]が参考にされたことに由来するといわれる。正十二面体，正二十面体あるいは切頂二十面体の各面を三角形に分割し，全体が球面に近づくまで面を外に膨らます三角形分割によって形成されるドームだ。なお，C_{60}分子が存在する可能性は，大澤映二によって1970年に理論的に明らかにされていたが，公表の場が和文雑誌であったために，海外に知られる機会を逸したようだ。

　サッカーボールに，五角形の部分が黒く塗られ，白黒亀甲模様（部扉の左上図）がつけられるようになったのは，テレビのモノクロ放送でも目立つようにされたためといわれる。1970，1974年のFIFAワールドカップの公式球にこの模様が取り入れられたが，公式球のデザインは，大会ごとに開催国の関与のもとに決められ，1978年には12個の五角形を円で囲うスタイル，2002年には4個の六角形にプロペラ状のトリゴンが重なるスタイル，2006年には6個の六角形対上の眼鏡マークが採用された[6]。2018年の公式球（部扉の右上図）には，色彩に濃淡をつけた多数のダイスからなる鳥の羽を模したかのような角状形が12個つけられているが，その中央部を結んで形成される四角形と三角形の配置が，アルキメデス多面体の一つである，**図2-3**に示す立方八面体に重なる。

　日本サッカー協会の競技規則には，「公式競技会の試合では，ボールに一切の商業広告を付けることは認められない。ただし，競技会の主催者のロゴやエンブレムおよびメーカーの承認された商標は認められる」とある以外に模様について特段の記載はない。しかし，球全体にわたる対称性があることが望まれ，

---

2)　C_nの添え字nは分子を構成する原子の数を示す。

3)　参考文献として，たとえば，『フラーレンとナノチューブの科学』篠原久典・齋藤弥八著，名古屋大学出版会（2011）。

4)　C_{60}の存在と構造は，H. Kroto, R. Curl, R. E. Smalleyらによって1985年に明らかにされ，その業績にノーベル化学賞が授与された。

5)　球面を測地線ないしそれを近似する線分の集まりで構成したドーム。

6)　それぞれ，球に接する正十二面体，正四面体，正八面体の頂点に位置する。

図2-3　立方八面体（高さ6㎝）

図2-4　捩れ十二面体（高さ8㎝）

そのよりどころとなりえるのは，球の中にピタリと収まる凸一様多面体である，アルキメデス多面体となるのではあるまいか。**図2-4**に示す，捩れ十二面体はアルキメデス多面体の中で最も球に近いものとされている。

　なお，模様は変われども，サッカーボールの縫い目はフラーレン模様を踏襲している。この亀甲模様を持つ球状体は自然界において最も安定した美しい形体の一つでもある。

　サッカーボールの歴史は古く，紀元前にも動物の皮を縫い合わせて蹴球としていたらしい。フラーレン模様のボールが市販されたのは1950年，デンマークでのこと。一方，日本の宮中行事とされてきた蹴鞠は，1400年前に中国から伝えられ，現在使用されている鞠は鹿の皮を2枚円形にして互いに縫い合せて球形にしている。[7]

---

7)　談山神社ホームページによる。

ケプラーの星形多面体と正多凹面体

Kepler Stellar Polyhedrons and Concave Polyhedrons

　正多面体から発展した形体群の一つとして，星形多面体を取り上げよう。天体の運行法則について研究したケプラー (Kepler) は，多角形と多面体についての幾何学に関する研究を進め，正十二面体と正二十面体の辺（稜）あるいは面を延長することによって，星形多面体ができることを見出している。それらに相当するものを**図3-1**に示す。

図3-1　ケプラーの星（左）と二十棘星状体（右）
（高さ10㎝）

図3-2　ダ・ヴィンチの星（高さ5㎝）

　しかし，著者は異なったアプローチで図示のものを制作した。すなわち，正多面体を基に魅力あるものを造形したいと探るうち，正十二面体の五角形の各面を覆うように五角錐を，正二十面体の三角形の各面には三角錐をつなぐことを思いついたからである。それらの面の数は60。

　ケプラーの方法は平面上での五芒星（pentagram[1]）の一筆書きに通じ，それの三次元版，立体版が，**図3-1**に示すような星形多面体になる。

　幾何学者のコクセター（Coxeter）は，正二十面体を基にした星形多面体は，各辺が同一にあるとするケプラーの手法に従うことにこだわらなければ，59あることを明らかにしている。

　プラトンの他の正多面体に対応しても星形多面体を造ることはできる。その一つ，正八面体の各面に正四面体に相当する正三角錐（triangular pyramid）を乗せた星形八面体を**図3-2**に示す。ダ・ヴィンチ（Da Vinci）の星と呼ばれている。

1）　一筆書きの星。安倍清明が用いた紋，ピタゴラスが用いたマークでもある。

図3-3　「星の塔」(高さ47㎝)[2]

　多面体の発展形として星形多面体を制作できるようになったものの，それだけでは，展覧会に出展する作品とするには単純すぎる。そこで，三角錐，四角錐，五角錐を，プラトン立体の対応する面に載せた星形を造るなど，いろいろに造形した星形多面体を組み合わせて「星の塔」と名づけた，**図3-3**に示す作品とした。

　星形多面体のトゲ（角錐体）を低くして，突出度を弱めた凸面とすることによって容器らしくしたものを**図3-4**として示す。

　さて，陶芸手法の自由度を生かして，星形多面体に関連した何か新しい形を創り出したいと模索するうち，星形の突出を正多面体内に向かわせるように造

2）「……」は作品につけた名称。

図3-4　星状袋小壷（高さ6㎝）

図3-5　凹刻二十面体（左）と凹刻十二面体（右）（高さ6㎝）

形することに気づいた。その結果できた，正多面凹刻体（concave polyhedron）とでもいうべきものを，図3-5に示す。

　左は，二十面体に対するもので，単に凹入させるだけでなく，その頂点部分を切って向うを見通せるようにしている。右は，十二面体に対するものだが，

図3-6　凹デルタ刻体三体：「異次元への窓」
（高さ24cm）

凹入角をやや緩めたものとしていて，凹入面は二重になり，対向する切口面には
それを反映した溝が現れて，内容構造が豊かになっている。

　図3-6には，三角形からなる凸デルタ多面体として一括りされることがある，正四面体，正八面体，正十二面体に対する凹面体をセットにして，「異次元への窓」と名づける作品としたものを示す。オブジェとして見られるべきものである。

　このように，プラトン多面体に対応する凹面体を造ったところ，その一つ，立方体に対する凹面体には，興味深い意味を持たせることができることが後に明らかになった。そのことについては「4次元への接近」と題した28章で触れるが，凹デルタ多面体三体を印象のままに「異次元への窓」と銘じたことは，荒唐無稽というわけではなかった。

キラル六十面体と捩れ立方体
Chiral Hexecontahedron and Twisted Cube

　正多面体を基にする多面体には，正多面体を複数個組み合わせ，隣り合う頂点間の距離がすべて等しくなるようにした，正複合多面体と呼ばれるものがある。ダ・ヴィンチの星 (**図3-3**) は，正四面体を組み合わせることによって実現された正複合多面体の一つである。

　このような正複合多面体には，手の込んだ装飾性を追求する方向性があるが，これらの中に鏡映対称性を持つものがあることに着目した。互いに鏡で映し合うような，右手系と左手系の違いがあるもので，キラル (chiral, カイラル) 対称性とも呼ばれ，生命化学で取り上げられる物質によく見られる対称性だ。同じ構造でありながらどちらの系に属するかによって薬理効果などに決定的な差が生じることで知られているものである。

　ただ，数ある正複合多面体の中でもキラル対称を持つものは限られている。それらの中で，込み入った形を持つものの一つに挑戦し，実現したものを**図4-1**に示す。この立体は，5つの正四面体を組み合わせたものと見なされ，頂点を結んでできる外枠は正十二面体になるが，芯に相当する部分は正二十面体に相当する。制作に際しては，底面に段がついた三角錐を20個造り，その底辺部が正二十面体状に配列されるように貼り合わせた。したがって，面の数は60になっているので，キラル六十面体 (chiral hexecontahedron) と名づけることにした。

図4-1　キラル六十面体（高さ17㎝）

図4-2　対をなすキラル六十面体（高さ10㎝）

図4-3　キラル変形立方体（高さ8㎝）

　左手系と右手系を並べたもの**図4-2**として示す。

　キラル対称性は，ケプラーによって"つぶれた立方体"と名づけられた，**図4-3**に示すような，6個の正四角形と32の正三角形からなる"変形立方体（snub cube）"にも認められる。正六面体の面を捩り，正三角形を加えた立体になっていて，捩る方向により左右の違いが現れる（正八面体の面を捩ることによっても同じ形体ができる）。

　また，**図2-4**に示した，12個の五角形と80の正三角形からなる"変形十二面体"は，正十二面体の面を捩り，間に正三角形を入れたような立体になっていて，これにもキラル対称性が認められる（正二十面体の面を捩ることによっても同じ図形を作ることができる）。

　これらの構造体においては，三角形の向きによって方向づけられ，全体として捩れがあるように見える。しかし，板面内に捩れや反りは入らないので，古典幾何多面体の範疇にある。これに対して，次節では板面内に捩れが入る，異質の捩れ構造体を取り上げる。

5

多面体陶瓶と捩れ陶瓶
Polyhedron Vases and Twisted Vases

　正多面体の一部，たとえば，二十面体の相対する頂点部を切り落とし，一方は開口部とし，もう一方には底板をつけて底面とすると，**図5-1**に示すような壺になる。こうした正多角形は，その規則性ゆえの安定感と美しさがあるが，趣向に欠ける。

　そこで，正十二面体の上半分にある5つの正五角形を，上方に引き伸ばす変

図5-1　正二十面体壺（高さ17㎝）

図5-2　上半分を伸ばした正十二面体瓶（高さ18㎝）

　形を試みたところ，**図5-2**に示すような花瓶のようなものになった。隣り合う面とのつなぎを維持するために，引き伸ばされた面が反り曲がるようになっている。

　陶芸作品では陶工の感性に基づいて曲線が演出され，それが作品の芸術性を特徴づけるが，ここでは形体の数理が曲がり方を決めている。

　さらに，多面体の辺面に，積極的に捩れを入れ，それによる形体の変化を見ようとして，長辺と短辺のアスペクト比が大きい，傾いた平行四辺形を貼り合わせて角柱状のものとしたところ，**図5-3**に示すような，側面が反り曲がっ

図5-3 四角捩れ瓶（高さ18cm）

た，捩れ陶瓶を手にすることができた。

　こうしてできたものは，スピン（spin，回転）を表現しているように思われ，作品にリズムと動きを持たせている。

　また，中央が丸く広がった板を貼り合わせたところ，面内の反りが強調された，**図5-4**に示すような提灯状陶瓶とすることができた。

　図5-5には，捩れ六角柱陶瓶を示す。六角形の底面に長辺と短辺の比を大きくした傾いた平行四辺形を貼り合わせることによる反りを入れたものである。

図5-4　提灯状陶瓶（高さ18㎝）　　　　図5-5　六角捩れ瓶（高さ19㎝）

　ところで，本節で取り上げた，面内に見られる「反り」や「捩れ」は，平面をつなぐ古典幾何学世界においては対処できないものになっている。これに向き合えるのは，位相幾何学（トポロジー）世界においてであって，ここに掲げた作品群は，その扉口に位置するものになっている。

6

切頂二十面体
Truncated Icosahedrons

　サッカーボールは，正二十面体の頂点を正多角形が残るように切断することによって得られる，アルキメデス立体の一つであるが，この頂点部を切り取る深さを変えると，いろいろな開口の切頂二十面体ができる。切り取る頂点の数は12，その後には，正五角形の開口部を持つ20の六角形からなる開口切頂二十面体が形成される。五角形の穴ができるように切り取っても形が崩れないことは，五角形が六角形に囲まれていることを示している。

　これらを**図6-1**に示すが，左上の正六角形の面を持つものがアリストテレス立体に相当する。多面体の形体を維持できる，最大の開口を持つものは，二十面の三角形と十二面の五角孔からなる，**図2-1**に示した，二十・十二面体相当のものになる。

　さて，ここで切頂二十面体には，次に掲げる二つの特徴があることを指摘しておこう。

(1)　五角形はいずれも隣接することなく，六角形に囲まれている。すなわち，五角形は隔離されている。

(2)　五角形の数は12であること。これは，多面体について，頂点の数をV，辺の数をE，面の数をFとすると

$$V - E + F = 2$$

という関係が成立するという，オイラー Euler の多面体定理[1]が当てはまってい

図6-1 開口切頂二十面体 (高さ14cm)

ることを示している。

　この定理に従えば，五角形と六角形からなる凸面多面体では，五角形が12個あれば，六角形の数に制約をつけることなく多面体が多様に実現されることが分る。このような凸面多面体はフラーレンと総称されている。

　サッカーボール状のフラーレンを境に，六角形の数が20に満たないものを低次フラーレンと呼ぶ。六角形がゼロのものは正十二面体に他ならない。一方，六角形が20を超える高次フラーレンは，無数に存在する。また，同じ数の六角形を持っていても，五角形の配置によって違った形を取るが，それらの中で，五角形が互いに遠ざけられたものがより安定な形体になり，対称性が高く美しい。高次フラーレンで，五角形が近づき合う周辺で歪が局在しやすくなることは，その部分周辺にある板面の反りが強くなることから納得できる。

1)　『トポロジーの誕生，世界で二番目に美しい数式』デビッド・S・リッチェソン著／根上生也訳，岩波書店 (2014) (世界で2番目に美しい数式とはオイラーの多面体定理を指している)。

7

フラーレン陶壷
Fullerene Potteries

　当初，造形のターゲットとしたのは，サッカーボール，すなわち，フラーレン構造だった。その構造について，さらに話を発展させるに先立って，12枚の五角形と20枚の六角形で構成されるサッカーボール形体が基本になるいろ

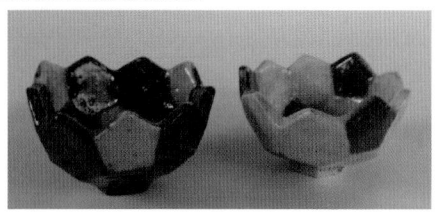

図7-1　フラーレン銚子と猪口（銚子の高さ12㎝）

図7-2　捩首花瓶（高さ16cm）

いろな容器造りを紹介しよう。

　閉じたボールではオブジェにしかなりそうにないが，頂点部を開口することによって壺状とし，それに適当な口あるいは首をつけると花生けとか，酒を注ぐ銚子ができる。このとき，開口部を六角形とするか，五角形とするかで趣の異なったものができるし，五角形と六角形の色の塗り分けによって風情が変わる。

　白粘土と黒粘土を使い，色が異なる五角形と六角形を組み合わせて，対の銚子と猪口としたものを**図7-1**に示す。

　図7-2には，捩った長首をつけた花生け，**図7-3**には，小鳥を模した水差，注ぎ口を3口つけた鼎を模したものを示す。白粘土と赤土からなる角板をつなぐことによって，白と赤の縞模様をつけたものは，大きな作品とすることはできない。素材の膨張率が異なるために焼成時に壊れてしまう可能性があるからだ。

　図7-4には，半球部を使って，ハンギング・プランターらしくしたものを

図7-3　鳥形水差と三首水差（高さ 12 ㎝）

図7-4　六角底と五角底のプランター（径 20 ㎝）

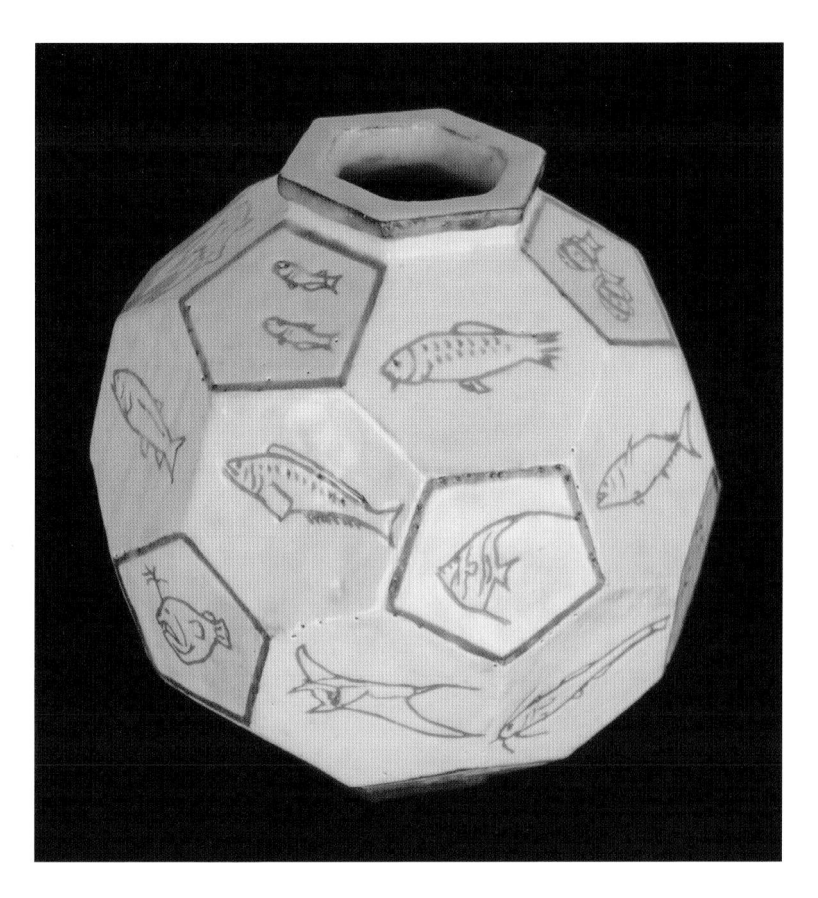

図7-5　魚紋フラーレン壷（高さ23㎝）

示す。白粘土で造ったが，五角形のありかを見えやすくするために，黒化粧を施している。底に五角形を置くか，六角形を置くかによって容器の縁取りが異なる。

　図7-5は，フラーレンの各面に魚の絵を描くとともに，五角形に枠をつけて形体の特徴がよく伝わるようにしたものである。黒粘土で造ったものに白化粧をし，掻き落としの手法で模様をつけた。本書の表紙には，赤土で造形し五角形に白化粧し織部釉を薄くかけた大型花瓶を掲げた。

高次フラーレン多面体とゴルフボール
Higher Fullerene Polyhedrons and Golf Balls

　C_{60} に近い高次フラーレンとしてよく知られたものに C_{70} がある。多面体としては，六角形の数を25とすることによって得られるもので，**図8-1**に示すような，楕円状になる。ここで，C_{60} 構造に相当する上下の半球部に比べて，中央位置にある角板に見える反りは，自然に生じたもので，C_{70} 構造は古典幾何学の多面体の範疇に入らないものとなっていることを示している（Ⅲ部参照）。

図8-1　楕円壺 (高さ22㎝)

図8-2　襞つき壺 (高さ13㎝)

図8-3　松毬壷（高さ13cm）　　　　図8-4　楕円扁壷（高さ18cm）

　図8-2，8-3の作品では，貼り合わせの際に上下隣り合わせの板をずらすことによって，面に襞をつけた。また，開口部を対称位置からずらせて均衡を破ったC$_{70}$構造の花瓶（図8-4）は，北大路魯山人の作品の一つにヒントを得て造った。

　さて，さらに高次のフラーレンに挑む気になり，五角形12枚，六角形60枚を貼り合わせたC$_{140}$構造多面体に相当するものに取り掛かった[1]。図8-5に，その素焼き作品を示す。上部を窓開き構造としたのは，見かけの変化を狙うとともに，荷重を減らし，軽量化することを目的としたからである。だが，釉薬を掛けて本焼きしたところ，焼成時に下部が荷重を持ちこたえることができず崩れて，図8-6のようになってしまった。このことから陶芸作品造りには荷重分布に配慮して構想する必要があることを痛感した。

　これを限りに，五角板と六角板をつないで，頂点数が100を超える高次フラーレン多面体に挑むことはあきらめた。荷重対策の困難さがその要因ではあるが，六角形が増えることは，平面性が広がって丸みが失われ，貼り合わせによ

---

1)　炭素原子140個によって形成される球に近い形状を持つ巨大分子の構造。

図8-5　C$_{140}$構造体の素焼き

図8-6　釉焼成によって崩れた作品

図8-7　四分C_{600}鉢（径14cm）

る変化の妙味も失われる。多数のパーツをそのつながりに気を配りながらつないで行くのも容易ではないからだ。

　手掛かりは，心得たフラーレン模様の特徴にあった。高次フラーレンの中で，中心に五角形を据え，それを囲むように六角形を並べ，全体として5回対称[2]を持たせるように描いた陶皿は，対称性が最も高いフラーレン模様を切り取ったものになっている。

　図8-7は，白粘土で作成したものに黒化粧をし，掻き落としで模様を描いたもので，C_{600}の4分の1に相当する模様を持つ碗形の皿になっている。五角

2）　同じ角度で5回転すると元に戻る対称性。

図8-8　ゴルフボール模様

形が一つ中央にあり，六角形が周りを囲み，縁の五つの尖った部分に，五角形の5分の1がつけられている。

　このようにすると，C_{140}どころか，六角形の環を付加することによって，C_{300}，……C_{1040}，……と，高次フラーレン模様を描くことができる。

　ところで，ゴルフボールには多数のディンプル（dimple）と呼ばれる孔模様が認められるが，その数は少ないもので200-300，多いものになると600程ある。多くの場合，その孔の周りにはせり上がりによる六角形の縁取りが認められるが，これらが対称性良く球面を敷きつめるためには，五角形の縁取り部が適当に配置されている必要がある。六角形の数が470，五角形の数が12の場合，高次フラーレンC_{960}構造に相当し，面内に位置する穴の数は482になる。

　図8-8には孔の数が122になる，C_{240}構造相当のゴルフボール模様を示す。

フラーレン陶籠
Fullerene Lattices

　五角形が六角形で囲まれる隔離構造になっているC_{60}構造多面体では，五角板が無くても六角板だけでその形体を構築することができる。六角板は中がくり抜かれた六角枠でもよいはずだ。

　図9-1には，六角枠をつなぎ合わせて実現したフラーレン陶籠2種を示す。底面を六角形とするか，五角形とするかによる，趣の違いを対比するように並べた。

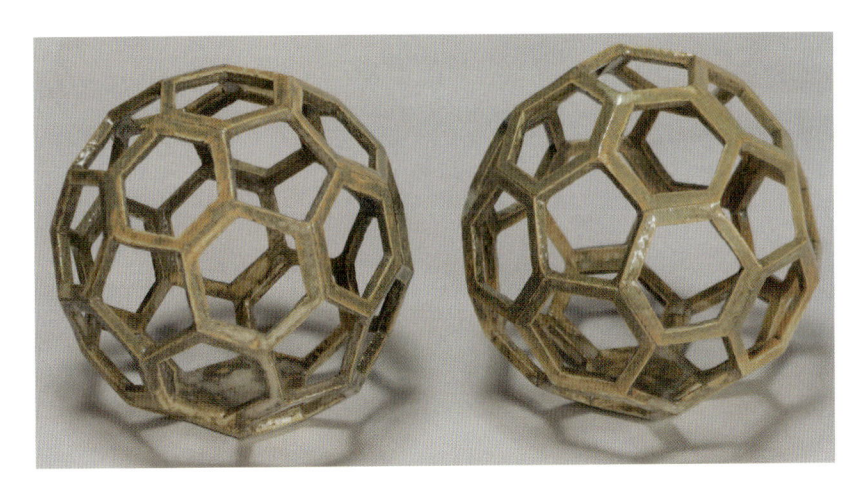

図9-1　フラーレン陶籠（高さ14㎝）

図9-2　フラーレン籠花生け（高さ14㎝）

図9-3　「孔明卵」（高さ23㎝）

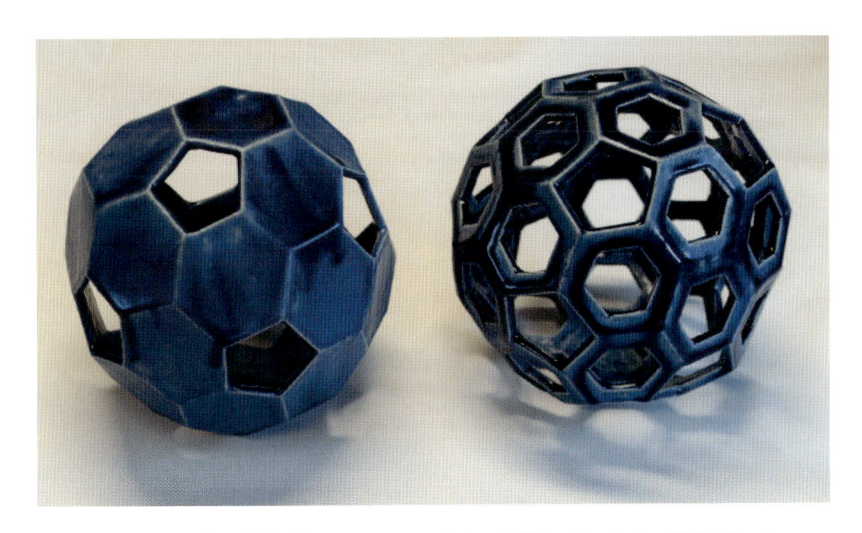

図9-4　八十二頂窓付フラーレンと八十二頂籠フラーレン（高さ17cm）

　図9-2には，五角窓を上部に配置してフラーレン花生けとしたもの2種を示す。

　図9-3には，上方の開口を次第に大きくしたC_{70}構造を持つものを示す。

　図9-4には，六角板32個で構成したC_{82}構造多面体を示す。片方は六角板，もう一方は六角枠を貼り合わせたもので，いずれの場合にも五角板は使っていない。2個の作品は，五角形と六角形の配置が異なり，違った対称性を持つものになっている。

　内容積が大きくなるにつれて崩れ易くなるが，そこに別の形体のものを組み込むことが可能になる。重金属原子を内包するC_{82}構造のフラーレンは，金属フラーレン分子として知られている。陶芸作品でそうした内包物による趣向を楽しむこともできるだろう。超絶技法で知られる明治の陶芸家，宮川香山は，華麗な花瓶の側面をめくるように開口部を設け，その中にリアルでダイナミックな生き物の世界を描く細工品を並べている。

複合フラーレン陶壺
Multiple Fullerene Potteries

　フラーレン構造体を複数個つなぎ合わせることによって，くびれを持つ陶壺状のものを造った。

　六角形を持たないフラーレンC_{20}多面体は，正十二面体に他ならず，これをC_{60}多面体の上にのせてくびれた徳利状にしたのを，**図10-1**（左）に，窓開き

図10-1　フラーレンくびれ徳利（左）と花生け（右）（高さ16㎝）

図10-2　孔凹達磨（高さ21㎝）　　　　図10-3　「鳥紋百八稜瓶」
　　　　　　　　　　　　　　　　　　　　　　　　　（高さ49㎝）

C_{20}多面体をC_{60}多面体につないだ花瓶を，**図10-1**（右）に示す。

　また，五角形抜きのC_{60}多面体と五角稜部を凹入させたものをつないだ達磨
状のものを，**図10-2**として示す。

　さらに，六角形を2個持つC_{24}多面体と六角形を8個持つC_{36}多面体をC_{60}多
面体の上に六角面でつなぎ合わせて造った瓶は，六角形でのつなぎが2か所あ
るので，12頂点が消えて，（24＋36＋60－6×2＝）108の頂点を持つ多面体にな
り，くびれが入ったC_{108}多面体相当品になる。

　図10-3に，各面に掻き落とし手法で鳥の絵を描いて，「鳥紋百八稜瓶」と[1]
命名したものを示す。

---

1)　ここでは稜は頂点を意味する。

角つきフラーレン陶壷
Horned Fullerene Potteries

フラーレン多面体を基にさらに変化に富んだ構造として，星形多面体と複合させ，角つきフラーレン構造多面体としたものを，図11-1に示す。C_{60} 構造多面体の五角形面に，五角錐をつないだもので，向かい合った五角形面を上下面に選んで，開口部と底板部としたものを，左に，六角形面を上下面に選んだものを，右に示す。

図11-1 「紺米陶」 左は開口部を五角形としたもの（高さ19㎝），
右は開口部を六角形としたもの（高さ31㎝）

図11-2 「角つき白陶壷」(高さ30cm)

　六角形を開口部に持ってくると，五角錐によって形成される突起が三方向に4段できるが，最下段は下に伸びた足のようになる。しかし，尖った足先は荷重によってその形を維持できなくなるので，底部に位置する正二十面体頂点は切らずに，底が大きな三角形になる形体とした。瑠璃釉を施し「紺米陶」[1]と名づけた。

　図11-2には，上面に六角柱状の広口首をつけ「角つき白陶壷」と名づけたものを示す。

　図11-3は，多面体に突起をつける方法を発展させて，突起の高さを変え，

---

1)　「こんぺいとう」と読む。

図11-3 「五人形」(高さ 54 cm)

多面体の形にも変化を持たせ，底広がりの五角柱の上につけ置いて，顔と手と胸に相当するものをつけた人形に似せた作品である。五角形が基本になっているために，五つの方向から人の形を認めることができる。「五人形」と名づけた。

入れ子碗と立体市松皿
Nested Bowls and Three-Dimensional Check Plates

　寸法が異なる任意の大きさの正多面体は相似体になるので，マトリョーシカ人形のような入れ子容器群とすることができる。たとえば，正十二面体の片半分を並べて，寸法が異なるものを内に収容する，一連の入れ子の碗とすることができる。

　図12-1には，中央には蓋付小壷を配したが，並べられた一連のものから成

図12-1　正十二面体入れ子碗（離散配置）

図12-2　正十二面体入れ子碗（重複配置）

図12-3　立体市松三連鉢　　　　　図12-4　立体市松六連鉢

長性を覚えさせる動きが感じられる。**図12-2** に示すように，すべてを重ねると花弁を多重に持つ花のように見える。

　正四面体以外の他のプラトン立体を基礎とした開口容器についても入れ子碗

構造はできるが，3面で構成される立方体（正六面体）の場合には，一つの頂点で支える構造になるために自立させることができない。そこで，3面からなる小鉢を3個連結して，**図12-3**に示すような，三連の鉢とした。平面上に2色の正方形を交互に並べることによって得られる図形は市松模様として知られているが，各面に異なった彩色をし，3色の正方形をつないだ直角コーナーを並べた結果は，立体市松模様というべきものになっている。

　図12-4のように，6連，10連と拡大して大盤化することができる。

13

ペンローズ十角皿
Penrose Decagon Plate

　フラーレン立体を構成するときは，正五角形は重要な役割を担うが，正三角形，正方形，正六角形は隙間なく並べることによって平面を覆いタイル貼りすることはできるのに対し，正五角形ではタイル貼りはできない。しかし，物理

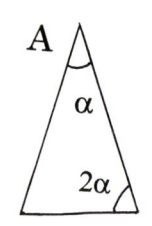

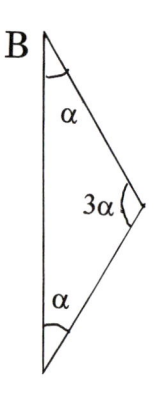

図13-1　ペンローズ十角皿（径25cm）

学者のペンローズ (Penrose) は五回対称性を持つ図形によるタイル貼りの方法を編み出した。

図13-1に，それを基に作成した十画板皿を示す。

　構成する三角形に目を移すとその成り立ちがよくわかる。右図に示すように，$180°÷5（=36°）$ を a で表示すると，　a の角一つと $2a$ の角二つの三角形Aと，a の角二つと $3a$ の角一つの三角形Bができる。十角皿には，白化粧によって，A，彫り込んだ線状の溝に白粘土を入れる，象嵌によって，Bに相当する部分を示す。これら三角形の基本角度 a の決め方に，五回対称性の根拠がある。

Ⅱ 蜂巣模様とナノチューブ

Honeycomb and Nanotubes

蜂巣

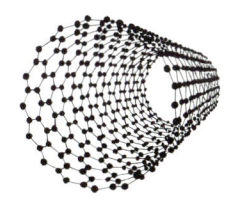

ナノチューブ

グラフェン皿とナノチューブ瓶
Graphene Plate and Nanotube Pottery

　正六角形を一面に敷き詰めると，蜂巣模様ができるが，原子のレベルで蜂巣網目の結節点に炭素原子を配列させた分子シートは，グラフェンとして知られる[1]。また，それを重ねた層状物質は，鉛筆の芯の主成分として私たちの身の周りにあるグラファイト（石墨）に他ならない。

　グラフェン模様の板を十二角形に切り取って，時計板の素材としたものを，**図14-1**に示す。

　一方，蜂巣模様のシートを筒状に丸め，原子レベルで筒状網目の結節点に炭素分子を配置したものは，炭素ナノチューブとして知られている[2]。このナノチューブ構造体を陶芸で実現するべく，正六角形の板を貼り合わせて制作した花瓶を，**図14-2**に示す。

　その外形は円筒に見えるので，円筒に蜂巣模様を描けばよさそうだが，正六角形の平板を粘土でつないで焼成したこの作品には，各六角板がその形を主張することによる反りが現れ，のっぺりとした円柱では見られない脈動が現れる。

　六角形の並びにらせん模様を描く様に黒化粧の装飾を行った作品は，「弦巻蜂巣瓶」と名づけた。

---

1) 　グラフェンを取り上げて興味深い物理的性質を有することを示したA. GeimとK. Novoselovには，2010年にノーベル物理学賞が授与された。
2) 　炭素ナノチューブ構造の分子が実在することは，1991年に飯島澄夫によって明らかにされた。

図14-1　グラフェン時計（径26cm）

　ところで，ナノチューブは六角形で構成された立体だが，両端が開口状態にあるために，幾何学的な多面体とは見なされない。両端は面と面の境界である稜とは見なせないので，オイラーの多面体定理の適用外になる[3]。

　さらに，六角板をつないだ平板を筒状とするように曲げてゆくとき，六角形の平面性を維持しようとすると，上下の六角形は頂点ではつながるが，辺でのつながりは切れ，隣り合う六角形のつながりは維持できなくなる。言い換える

---

3)　両端開放の円筒を，穴があるドーナツ状の多面体と見ることはできる。

図14-2 「弦巻蜂巣瓶」(高さ40㎝)

と，図形をつなぎ続けるためには，六角板を湾曲させなくてはならなくなる。陶芸作品として実現したとき六角板が反ったのはこのことに起因している。

　このことは，ナノチューブは，平面多角形をつないだものを対象とする古典幾何学の範疇から，平面性にこだわることなくパターンのつながりに着眼する位相幾何学（トポロジー）[4]の世界に位置することを意味している。したがって，炭素ナノチューブはトポロジーで取り上げられるべき構造的特徴を持つ物質，

4)　「トポロジー」は数学，物理学では「位相幾何学」を意味するが，化学，生物学では原子や分子などの構成要素間の「繋がりの様態」を意味することがある。本書では位相幾何学を意味する。

言い換えれば，トポロジカル構造物質というべきことになる。しかし，これは近年の物質物理学で注目されているトポロジカル絶縁体とは，異質のものであることに留意する必要がある。[5]

　炭素ナノチューブでは構造形体上のトポロジー性が意識されていないように思われるが，その性質を決定するのは原子の相対位置であり，原子の並びが描く図形的側面を問題とする必要がなかったためであろう。[6] しかし，シート状のグラフェンが円筒状になったときには曲面性，すなわち，古典幾何からの外れが関わっており，円筒の曲率が高められるにつれて，古典幾何学からのずれが増してゆくと見ることができる。ナノチューブの太さに伴う性質の変化にはその差が表れているものと考えられる。

---

5)　本体（バルク）は電気を通さないが，端とか表面で電気を通す金属状態が現れる絶縁体。その性質を決める量子状態がトポロジー的な不変量で特徴づけられる。
6)　物質の構造に関する理論では，構成原子の空間的配位が問題とされるが，原子の配列状況に伴う幾何学的図形が問題視されることはなかった。

ナノチューブ陶杯
Nanotube Cups

　六角板からなるナノチューブ構造体で，六角板の一つを七角板に置き換えると，周辺部が曲がりを伴って凸出／凹入するとともに，六角板の並びを変えなくてはならなくなる。曲がりは，正六角形二つと正七角形一つが隣り合う，頂点の周りの角度の単純和が368.57…度となり，360度を超えることに起因する。

　図15-1には，六角板の列に七角板を入れたときのつながりの様子を示す。六角板の並びは下に広がり，その直下で七角板を囲む六角板の向きは変化する。[1]一方，五角板を入れたときには，列は下に狭まり，五角板を囲む六角板の向きが変化する。

　七角板と五角板を向き合わせて対とすると，**図15-2**に示すように，対の上下では六角形の数は一つ変化し，六角形が環を造るように並べられたときには，環の径が変化する。

　図15-3と**15-4**には，以上のことを勘案して，蜂巣瓶に五角形と七角形を取り入れて造形し，陶杯状としたものを示す。[2]

　図15-3では，六角板8枚でできた下部にある筒が，トルコブルーで彩られた五角板と七角板の対を並べた部分を介して，六角板12枚でできた上部の筒

---

　1)　六角形では頂点（辺）は互いに向き合っているが，五角形，七角形では一方が頂点（辺）とするとその向き合いは辺（頂点）になる。

　2)　炭素ナノチューブにも同様の径が変化するものが知られており，ここに掲げる陶杯はその接合部に当たるものになっている。

図15-1　六角板の列に七角板（上），五角板
（下）を入れたとき

図15-2　六角板の列に五角板と七角板の
対を入れたとき

図15-3　五七対陶杯（高さ35㎝）

につながれている。一方，五角板と七角板を離して配置すると，**図15-4**の陶杯に示すように，その上下での六角板の数が一つ変化するとともに，六角板の配列状況が変化する。

　すなわち，**図15-3**では，六角板は2辺を隣合わせるように配置され，帯状に配列された六角板列の縁は，鋸歯のようなジグザグ（zig zag）型配置と呼ばれるものになっているが，**図15-4**では，下部の六角形は90度傾けて配列され，辺が描く形が屋根型あるいはアームチェア（arm chair）型配置になっている。

　さて，五角板が一方で六角板の並びを狭めることは，その反対方向では広げ

3）　化学ではアームチェア型に相当するものをcis型，ジグザグ型に相当するものをtrans型と呼ぶことがある。

図15-4　五七離散陶杯（高さ33㎝）

図15-5　五角形七角形の配置で変わる二つの鉢（高さ12㎝，13㎝）

られることになる。七角板についても同様のことがいえるので，広げる方向を
合わせると，直径が小さい底から，上方に向かって広がる，碗状の容器を造る
ことができる。その途中に五角板を組み込めば，すぼみが入る鉢状になる。

　図15-5には，五角板と七角板の位置がわかるように黒化粧をした作品を示
す。

　陶芸では鉢状体をロクロで整形し，その立ち上がりの曲線の出来具合を愛で
ることが通常で，修練と技に基づく感性が形を演出するのだが，ここでは幾何
が紡ぎ出す形による変化を楽しむことができる。これを意識的に使った造形物
については，改めて20章に掲げる。

ナノチューブ屈曲陶瓶
Nanotube Bent Potteries

　蜂巣網目チューブに五角板と七角板を周囲にバランスよく配置すると，径を変化させることができる。そこで，局部に注目すると，五角板と七角板の対はチューブを手前に傾け，上下を変えた対は前方に押し出すように傾けているこ

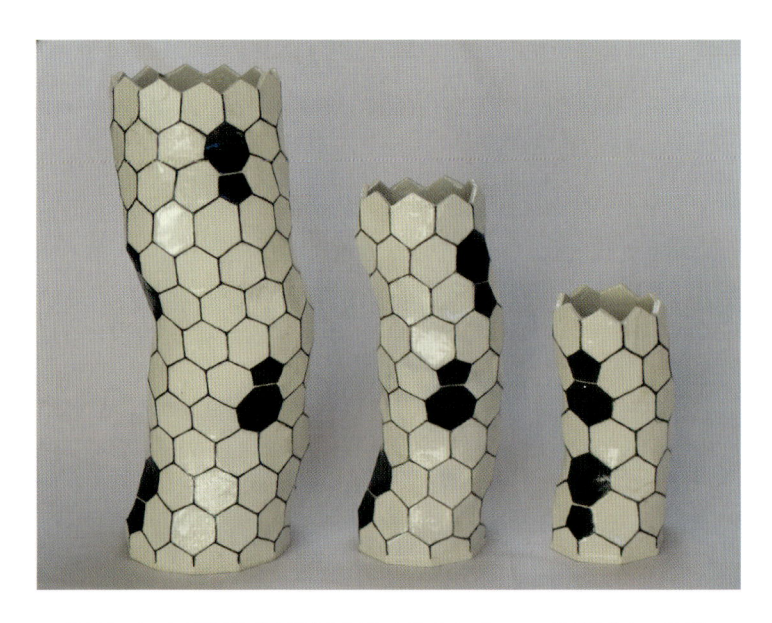

図16-1　五角形七角形対を対向させるとチューブは屈曲し，位置を環内でずらしてゆくと，螺旋を形成する（高さ33㎝）

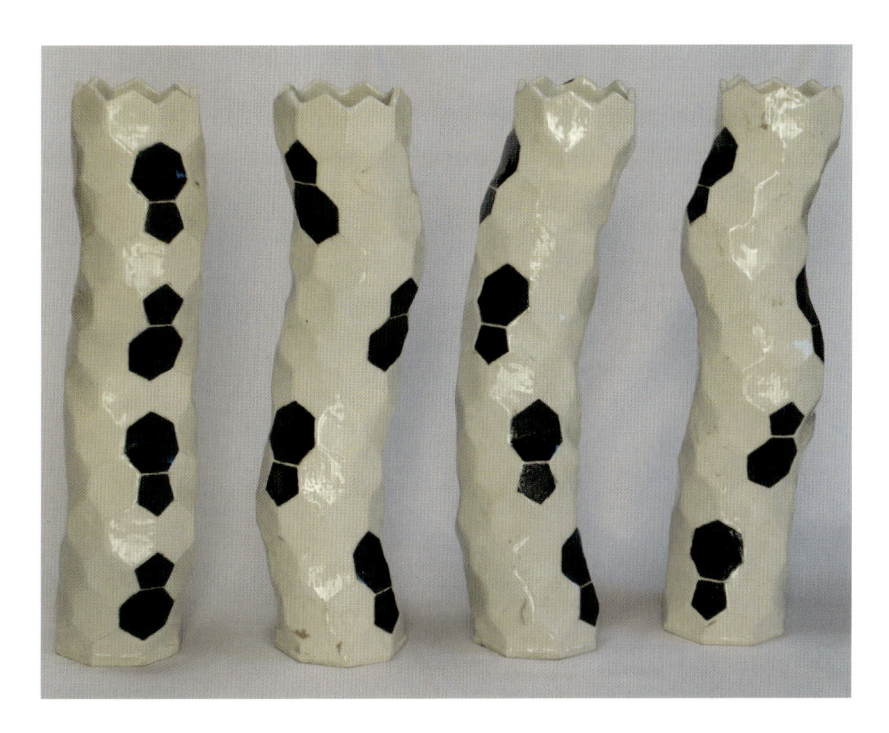

図16-2 「狆穴子」（高さ34㎝）

とがわかる。したがって，これらを相対峙させると，**図16-1**に示すような，チューブを屈曲させ，動きがある構造を持つ作品とすることができる。

　五角板と七角板の対の位置を環の中でずらして行くことによって，**図16-2**に示すような，水族館で人気を得ているウナギ目アナゴ科に属する海水魚の一種チンアナゴ（狆穴子）の並びを想起させる作品とすることができた。貼り合わせた六角板の反りと黒い五角形と七角形の対がこの作品の特徴になっている。

五六七チューブ
Pentagon-Hexagon-Heptagon Tubes

　蜂巣網目の筒状体に，五角板と七角板の対（57対[1]）を二つの六角板からなる66対と置き換えるように周期的に配置すると，繰り返し構造を持つチューブができる。これを五六七チューブと名づけよう。

　図17-1の左端に，57対の向きを一つ置きに変えつつ，57対と66対が環を作るように並べたものを示す。この場合には，上下に隣接する57対は，その向きを変えて75対とすることによって屈曲を抑えている。ここで，57対の横に隣り合う66対，あるいは，57対の上下にある六角板の数を変えると，径の方向あるいは，軸の方向に異なった周期を無限に繰り返すことができる，チューブが作られる。

　図17-1の中央に示した，66対を介して並べた57対を上下に位置をずらせたものは，径が周期的に変わり，瓢箪を連ねたような形になっている。七角形が近づき合うところでは，六角形の数が減り，五角形が近づき合うところでは，六角形の数が増えることによって，多角形の辺の数を維持し，結果的に環を構成する多角形の数を増減させることが，直径の周期的変化につながっている。

　さらに，**図17-1**の右端のものでは，環内で57対を横に並べるとともに，上下につながる57対を分けるように六角板を入れている。57対の環の上下では，

---

1)　五角形と七角形が連なる船形状に炭素原子を並べ，周りに水素原子をつけた分子は，アズレン（azulene）（$C_{10}H_8$）と呼ばれている。

図17-1　五六七チューブ陶瓶（高さ15㎝）

図17-2　五七チューブ陶瓶　（高さ14㎝）

六角板の環はアームチェア型の配列をし，ジグザグ型とアームチェア型が取り混ぜられたチューブが形成されている。

　以上，三つのケースは，五六七チューブの基本形を尽くしている。チューブの高さ方向あるいは径方向に，66対と57対の数をそれぞれ変化させることによって異なった周期構造を持つ多様な五六七チューブが形成される。

　図17-2には，六角板抜きの五角板と七角板の対を周期的に入れたチューブの造形例を，五角板と七角板を黒白で塗り分けた五七チューブとして示す。五角板と七角板の隣り合わせの順序に応じて左巻きと右巻きの違いが現れ，キラル性を示すようになることが特徴的だ。[2]

　2）　五六七チューブ，五七チューブは蜂巣模様のナノチューブに隣り合うものとしてその物理的性質に興味が持たれるものだが，著者の知る限り，その存在を指摘する報告文献はない！

ナノチューブ・トーラス
Nanotube Torus

　蜂巣模様のナノチューブへの五角形，七角形の組み込み方によって，チューブはいろいろに変形することを見てきたが，屈曲を抑えることなく続けることによって，チューブの両端がつながれたトーラス型多面体とすることができる。

　図18-1には，そうした作品の一つを示す。上半分を，トーラスを形成するように作成し，下半分については支持脚を残すように六角板の貼り合わせを省略したものとなっている。

　フラーレンなどの多面体を造形する流れを継いで，ナノチューブの造形へと進んできたが，ナノチューブはその両端が開放されているために，多面体とはいえないもので，そのままではオイラーの多面体定理を適用することができないものになっていた。

　しかし，トーラスになると，オイラーの多面体定理の適用対象になる。ただし，トポロジーの世界で明らかにされている，頂点の数がV，辺の数がE，面の数がFの多面体に，G個の穴がある場合に成り立つ場合の関係式

$$V - E + F = 2 - 2G$$

が適用される。[1]

　簡単な計算をしてみよう。トーラスを形成する六角形の数をA，五角形の数

---

1)　オイラー・ポアンカレーの定理など，いろいろな呼び方がある。$V - E + F$をオイラー数，Gを種数という。

図18-1　ナノチューブ・トーラス（径16cm）

をB，七角形の数をCとすると，トーラスの面上にある面の数は

$$A + B + C$$

頂点の数は

$$(6A + 5B + 7C) /3$$

辺の数は

$$(6A + 5B + 7C) /2$$

になる。ここで**図18-1**に示すようなトーラスを念頭に，BとCを10とするとAの値の如何にかかわらず左辺は0になり，G＝1の，穴が一つある場合の関係式を満たす。一般的に，BとCが等しければ

$$V - E + F = 0$$

となるが，実際的に，トーラスを形成するにはBとCそれぞれを10以上とする必要がある。[2]

---

2)　'Generalized classification scheme of toroidal and helical carbon nanotubes', C. Chuang *et al., Journal of Chemical Information and Modelling* 49 361-368 (2009).

分枝陶チューブ
Branched Ceramic Tubes

　蜂巣模様のチューブを筒状に保つには，五角形と七角形を対にして配置する必要があるが，七角形あるいは五角形を，3回対称性を示すように並べると，図19-1に示すような，筒状体をYの字型につなぐ構造体を造形することがで

図19-1　分枝陶チューブ（高さ17㎝）

図19-2　人形風分枝陶（高さ16㎝）

図19-3　両耳陶瓶（高さ13㎝）

きる。六角形の周りに，6個の七角形を並べると，六角形と接する頂点に集まる頂角の和は377.14... となるので，六角形を一周並べ，その外に6個の七角形と6個の五角形を交互に並べている。[1][2]

　図19-2には，3個の八角形を，五角形を間に挟むように並べることによって，異なったタイプのY分枝を造形し，それぞれを識別するように色づけしたものを示す。さらに，顔に相当するような部分として，五, 六, 七角形を組み合わせたものを載せて人形風になるような造形をした。

　開口部を二つの耳になぞらえた陶瓶としたものを図19-3に示す。

1)　同様の構造を持つ分子が合成されている。たとえば，'Synthesis and properties of all-benzene carbon nanocages: a junction unit of branched carbon nanotubes' K. Matsui *et al.*, *Chemical Science*, 4 84-88 (2013).

2)　一点に接する頂角の和が360度を超えるときについては，25章で取り上げる。

五弁白陶壺，つぼみと開花のフォルム
Five-Petal Pottery, Bulbs and Flowers

　蜂巣網目構図の筒状体に五角形と七角形を組み合わせると動きがある造形ができることがわかった。五角形と七角形を均整，安定性に配慮しつつ組み込んだ造形の一つを，**図20-1**「五弁白陶壺」として示す。

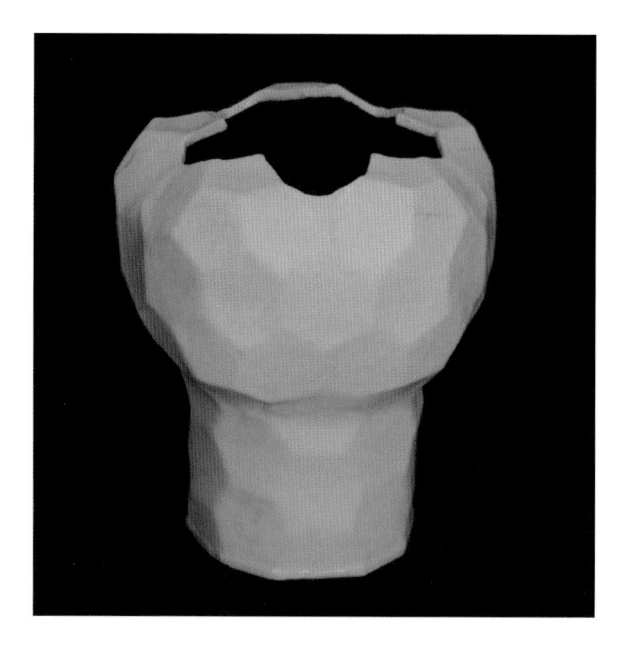

図20-1　「五弁白陶壺」(高さ25㎝)

図20-2　五五陶盆（径14cm）

　壺というより，円柱の上に厚さがある円盤を乗せたような形としたが，両者をつなぐ部分の横への広がりは七角形によって，上部におけるすぼまりは五角形の挿入によって決定づけられている[1]。すなわち，基底は10個のアームチェア型に並べた六角形，その一つ置きに七角形に置き換えることによって広がりをもたらすが，その上段には5個の五角形を入れることによって広がりを抑えている。一列の15個からなる六角形の環は，上部に幅をもたらし，その上に入れた5個の五角形は萎みをかけ，それに重ねてつけた五角形は，水平に近く弁のように配置されている。

　蜂巣状円筒を，内に向かってすぼめる五角形を重ねて使うと，一層狭まる。その様子は，**図20-2**の盆のような形に示される。

1）　弥生時代から，壺は，収納容器や祭器として，いろいろな形体のものが造られてきたが，ここに述べるような，数理に根差す曲線形体を持つものは見当たらない。数理に則れば，手順を選んだ後は，迷いなく制作できる。

図20-3 「五五七五七七　つぼみから花へ」

　五角形と七角形のつなぎを，五五，五七，七五，七七と変えてゆくと，**図20-3**に示すような，つぼみから開花への変化にもなぞらえられる，一連のものとすることができた。底部を10個の半六角形からなるジグザグ配列とし，五五を継ぐと，その先には新たに板を継ぐのは難しくなるほどすぼまり，萼のようになる。五七を継ぐと，先に伸びる気配が生まれ，七五としてその先に六角形を継ぐと広口の鉢になり，七角形を継ぐと花のように開く。

III メビウス環とトポロジー

Möbius Torus and Topology

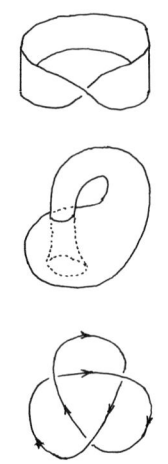

メビウス角柱，単側多面体
Möbius Prism, One-Sided Polyhedron

　フラーレンからナノチューブへと造形を進めると曲面が入り，捩りを取り入れ，さらにトーラスへと進めたが，その途上で，平面幾何学の世界から位相幾何学，すなわち，トポロジーの世界に入ることになった。このⅢ部では，陶芸による造形を通して，トポロジーの世界をのぞいてみることにする。

　塑型粘土で造った帯を180度捩って，その両端を貼り合わせると，**図21-1**

図21-1　メビウスの環

図21-2　2回（左）と3回捩り（右）

に示すような環ができるが，その一か所からアクリル絵具を塗り始めると，裏表が区別できないものになっていることがわかる。1858年のメビウス（Möbius）の論文で紹介された[1]ものだが，単純な形でありながら，不思議な構造を持つもので，トポロジーの教科書や啓蒙書でおなじみのものだ。

　ここでは平面上の描画では表現しがたい，実体像を紹介することから始めよう。

　まず，環を造るにあたって，180度捩りを2回，3回と入れたものを，**図21-2**に示す。2回入れたものでは赤と白2色で表裏を塗り分けることができる。すなわち，どちらかを表とするともう一方は裏に相当することになる。しかし，3回入れると再び表と裏を区別できなくなる。表と裏を区別できないことを「向き付け不能」といっているが，奇数回の捩りでは向き付け不能になることがわかる。ところで，捩りを増やすときに，素材に残っている剛性に逆らわずに造形すると，**図21-3**に示すように，環に絡みが入ったようなものとなり，一見すると結び目が入ったようになる。

　図21-4には，4，5，6と捩じれを増やしたものを並べておこう。これから

1）『メビウスの帯』クリフォード・A. ピックオーバー著／古田三知世訳，日経BP社（2007）。

図21-3　2回（左）と3回捩り（右）

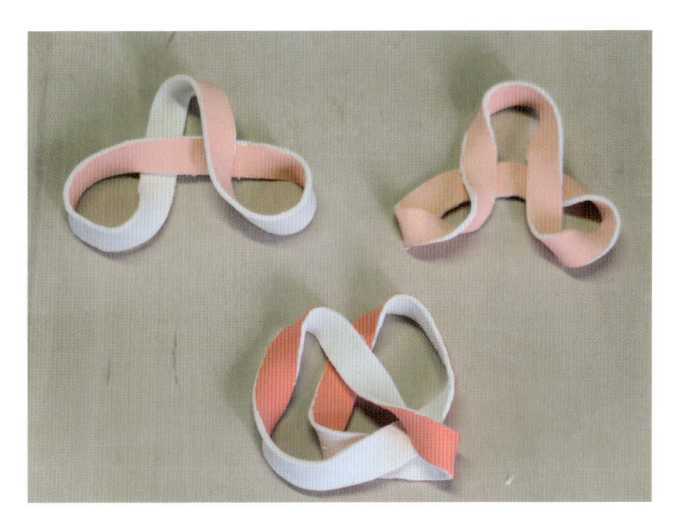

図21-4　4回捩り（左上），5回捩り（右上），6回捩り（中央下）

奇数回の180度捻りのもとでは向き付け不能となることがわかる。

　さて，陶芸作品では，帯に代えて角柱を使うことができる。それを捩ることによる向き付け不能性について調べてみよう。ここでは両端をつないでトーラス型多面体（穿孔多面体）とする。

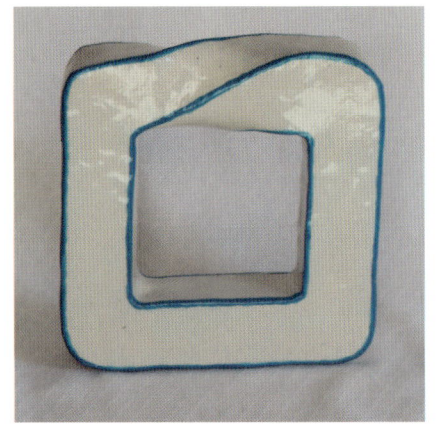 

図21-5　捩り1回のトーラス型多面体　　**図21-6　捩り2回のトーラス型多面体**

　図21-5に示した作品は，直線部に90度の捩りを入れ，隣り合う側面がずれるようにした，四角柱からなる四角状トーラスである。各面は隣の面につながれ，それが繰り返されることによって，一つの面を塗り始めるとすべての面がつながっているために，トーラスは1色となる。角につけた空色の線をたどるとすべての辺をたどって元に戻る。すなわち，表と裏の区別ができなくなるメビウスの帯の特徴を備えた単側多面体（one-sided polyhedron）[2]になっている！

　続いて2回の90度捩りを入れると，**図21-6**に示すように，4面は2つに区分けされ，白と黒の2色で塗り分けることができるようになる。しかし，この2色は表と裏が区別されたというわけではなく，メビウスつなぎが2つ組み合わされたと見るべきものである。

　さらに，捩りを3回入れると**図21-7**に示すように，再び全体が1色になる。続いて4回入れると，今度は**図21-8**に示すような白，赤，青，黒の4色で塗り分けられる四角柱トーラスになる。

　4ケースを対比できるように，横たえて並べたもの，立てて並べたものを，

2）『多面体百科』宮崎興二著，丸善出版（2016）。

図21-7　捩り3回のトーラス型多面体　　図21-8　捩り4回のトーラス型多面体

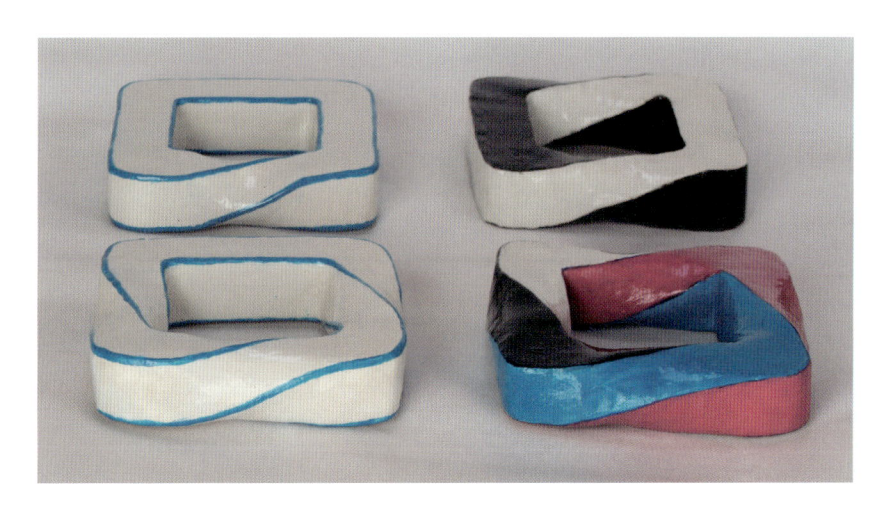

図21-9　捩りが異なる四角柱トーラス型多面体

図21-9，10に示す。

　ここで問題となるのは角柱の角数と捩りの回数，そして彩色の数の関係だろう。五角柱では1，2，3，4回の捩りでは1色，5回の捩りで5色に塗り分けることができ，6回以上はこのサイクルを繰り返す。

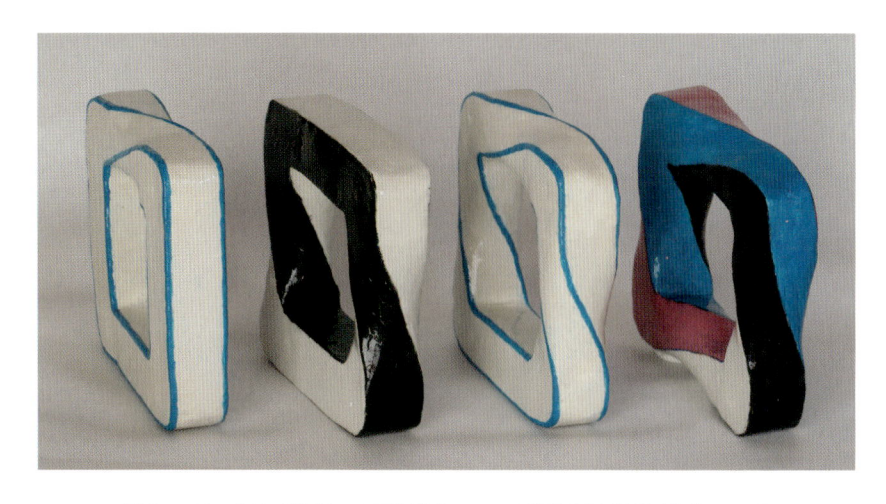

図21−10 捩りが異なる四角柱トーラス列型多面体列（高さ16cm）

一般に，奇数角柱では，同じ奇数回の捩りで同じ奇数色，他は1色。

六角柱では1，5回捩りで1色，2，4回捩りで2色，3回捩りで3色，6回捩りで6色。……

八角柱では，1，3，5，7回の捩りで1色，2，6回で2色，4回で4色，8回で8色。

以上の関係がどうなるかについて一般化することはここでは無用のこととするが，飛んで，24角の場合には，24回で24色，12回では12色，8，16回では8色，6，18回では6色，4，20回では4色，3，9，21回では3色，2，10，14，22回では2色，他は1色になる[3]。

作陶技術的には，直線部に90度捩りを入れるのは容易だが，コーナー部に入れるのには工夫がいる。**図21−11**は，2か所に捩りを入れてアーチ型としたものである。捩れたコーナー部を四つつなげば円環状になる。

さて，ここで一言，18章で，頂点の数がV，辺の数がE，面の数がFの多面体にG個の穴がある場合には

---

3) 角柱の面を紐に対応させると，面の並びは紐の並びに，角柱の捩れは組紐の捩れに対応させることができる。このことから，ここに掲げる角柱は紐の並びに順序をつけた組紐列に相当する。

図21-11　捩れアーチ（高さ10cm）

$$V - E + F = 2 - 2G$$

になることに触れた。ここに取り上げた角柱トーラス型多面体では，$G = 1$の場合の

$$V - E + F = 0$$

が成り立つ。

　ところで，**図21-12**に示すような，四面体の各面に窓を開けた，四面体格子の場合には，穴の数は3と取るべきだろうか，それとも4？

　三角分割の方法[4]によれば

$$V - E + F = -4$$

になり，トポロジー的には穴の数は3となる。このことは四面体格子を，その頂点を底面のレベルまで投影するように押しつぶすと三角形の窓を三つ持つ三角形に帰着させることから納得できる。4個あるはずの穴の一つは他の3個の

4）　複雑な多面体を三角形の群に分解すること。

図21-12　四面体格子（高さ8㎝）

穴を完結するために使われてしまっていると考えるべきであろう。このことか
ら，6章の切頂二十面体には12の窓があるが，そのトポロジー的な穴は11，**図
9-1**に示したフラーレン格子には底面を除く31の面に窓があるが，トポロジ
ー的な穴の数は30ということになる。

クライン花瓶

Klein Vase

　前章では，角柱トーラスに捩りを入れることによって，角柱面を一体化し単側面体としたが，これはメビウスの環でシートの表と裏の区別がなくなっているのに対応させようとしたものであった。しかし，角柱が中空である場合には，その外面と内面は捩りに関係なく識別されるままになっている。この点でメビウスの環に相当するものとしては中途半端で，それを達成するには，さらなる裏返し操作がなされなくてはならない。

　3次元立体で中空容器の表裏の区別を無くして単面化したものとして知られているものに，クライン (Klein) の壺 (Ⅲ部扉の中段の図) がある。壺の外側のある所から色を塗り始めると，外と内の境界に出会うことなく内側にまで塗り込んでしまい，表裏の区別をすることができない曲面になっているものだ。この造形の特徴は外部にとび出したチューブが容器の壁を貫いていることで，「自己交差」しているといわれる。

　この自己交差は，4次元空間にいなければ取り扱えないものを，3次元で表現しようとしたために生じたとされている。自己交差について理解するために前章にあった，**図21-3**の捩られた環の2次元の図に立ち返ってみよう。写真では，重なったもの（自己交差したもの）として描かれているが，3次元では上下に隔たっているものである。このことから，自己交差が解かれるには一つ高い次元に立つ必要があることがわかる。

図22-1　クライン花瓶（高さ17㎝）

　ところで，クラインの壺はすでに3次元体として描かれているので，メビウスの帯を角柱で置き換えたときに見られたような形体を豊かにする自由度を陶芸造形によって見出すことはできず，その形体に相当するものを実体化するレベルにとどめざるをえない。ここでは，説明のためによく描かれているフラスコのような形に相当するものを作品として実現するにとどめる。

　図22-1に，クラインの壺として描かれる，フラスコのような形体のものを上下さかさまにし，首を付けて，花瓶らしく形づくったものを示す。この作品

では，中央に六角柱の筒を立て，その底面近くの側面から四角柱の筒で外に引き出し，五角柱の筒を経てフラーレンで作る主空間につないで，多面体らしく造形した。折り曲げた足のような部分が自己交差を担うところになっている。

　この花瓶では，内部に水を充填させるには注水途上で内部の空気を抜くための操作が必要になり，排水するのも簡単ではない。4次元世界で自然体となるものを3次元世界で扱うのは実際的ではないが，造形上のヒントを得たいとする立場には，自己交差によって現れる脚を折り曲げたような形体に，非日常性が認められ，魅力的なものを覚えさせる。

23

角柱ロープの結び目
Prism Rope Knots

　トポロジーでは，捩りとともに，結び目が取り上げられる。ここでは，捩った角柱のトーラスに，結び目（knot）を組み合わせた場合に着目する。

　図21-3，4に掲げたメビウスの環では，一見絡み合っているように見えるが，3次元での変形によって絡みに見える部分は消えて，結び目は存在しなくなる[1)]。これに対し，**図23-1**に示したものでは，三角柱の3か所に120度の捩りが入れられているとともに，捩りのところで交差するように結び目が入れられている。二葉結び目と呼ばれるもので，角柱の1面が円弧を描く部分に3色が独立に現れる構造になっていることが彩色から明らかである。この場合にはどこかで角柱を切ってつなぎ直さない限り，絡みは消えず，単純な環にはならない。

　図23-2には，彩色した三葉結び目の裏側を示す。

　この結び目の場合，捩りを2回，1回と減らしたときには，角柱面のどこかで彩色を始めたとき，全体が1色で覆われてしまう。一見複雑な形体だが，単側多面体になっている。

　一方，捩りを入れなければ，各面を違った色で塗り分けることができるが，表に現れるのはどれか一つに限られ，残りの2面は裏に隠れてしまう。

---

1)　トポロジーではライデマスター移動（Reidemaster move）と呼ばれている。

図23−1　彩色三葉結び目（径22㎝）

図23−2　彩色三葉結び目（裏側）

4回，5回と増やしたときにも1色しか現れなくなり，6回にして3色が現れ，その先はこのサイクルが繰り返される。

紐を念頭に置いた，結び目では，五葉結び目，8の字結び目など色々なものが知られており，それらを交差個所で区分けしつつ，どう彩色するかが数学的に扱われている。[2] これに対し，紐を角柱に置き換え，角柱の角数，捩りの回数で，どのような彩色をできるかを問うのは，角柱ならではの問題になっているように思われる。

なお，紐に代えて角柱を用いることは，ファイバーの束を考えることに対応していそうだ。角柱の各側面は，それぞれ一列に並べられたファイバーに対応させられるように見えるからである。しかし，トポロジーの基礎としての微分幾何学で取り上げられるファイバー束は，メビウスの環ならば帯の縁に直交するように描かれ，[3] 帯の縁に平行に現れる角柱列に直交している。さらに，ファイバー束には内面と外面に相当する差異は認められない。そうしたファイバー束とここに掲げた角柱の側面列が，数学的に同等か否かが問われるところだ。ファイバー束を導入するなどによって構築されるトポロジー理論は，現代物理学に欠かせない基礎理論[4]になっている。

メビウスの帯と角柱トーラス多面体の関係に倣えば，1次元体である紐を，面を塗り分けることができる角柱に置き換えること，さらにはその角柱が中空になっている状況が，トポロジーの問題として認知済みであるのか否かが問われる。

---

2)　『結び目と量子群』村上順著，朝倉書店 (2000)。
3)　『微分幾何学とトポロジー』永長直人著，丸善出版 (2016)。
4)　『トポロジーと物理』倉辻比呂志著，丸善出版 (1995)。

ペンローズ三角柱
Penrose Triangle Prism

　四角柱を，21章に掲げた四角トーラスに代えて，三角トーラスとして，三つの直線部に捩りを入れると，塗れる色の数は一つになり，**図24-1**に示すような，単側多面体になる。

図24-1　捩れ四角柱の三角トーラス，黄瀬戸釉薬で木質を装った（辺長18㎝）

図24-2　各面にペンローズ三角形が描かれた四面体枠（高さ10cm）

　この四角柱を捩って三角につないだものに通じる，不思議な図が，ペンローズ（Penrose）によって見つけられている。**図24-2**に示す，四面体の各面に色を変えて描かれたもので，あたかも実在するがごとくイメージされるように描かれたものだが，実現不可能なものである。すなわち，局部を見て板の平面性を意識すると，角柱が別の角柱の下に組み込まれているように見え，全体として見たときには，捩れることなくしてはありえないものが想起されるようになっている。実際に捩れを組み込んだものの一つの姿は，**図24-1**に示すようなものになる[1]。

　ペンローズの三角柱は，版画家エッシャー（Escher）が描くありえない立体の絵[2]，すなわち，錯覚を頼りに実現できない不可能な立体を描いた，だまし絵（trompe l'oeil）の類に他ならない。エッシャーが描いたよく知られた「滝」の絵では，ありえない方形の構造の建物の屋上に作ったトレンチを水が流れ，滝につながるようになっている。水の局所的な流れが錯覚を誘う鍵になっているのである。あるいは，人の立像によって，足元の方向に重力が働いていると思

---

1)　この作品では，捩る方向が**図24-2**の場合と逆になっている。
2)　『M. C. エッシャー　グラフィック』M. C. エッシャー著，Taschen GmbH。

図24-3　捩れを錯覚させる三角枠

わせている絵もある。これらでは，多数の要素を書き込むことによって局所に視点を導くことがキーポイントになっている。

　だまし絵で立体を描くときの要点は「ありえない線」を導入することだ。[3]2次元で描く絵を，3次元における実体の投影と見なさせようとするからこれができる。3次元立体での造形を，4次元における実体の投影として実現できるならば，同様のことができるわけだが，「ありえない面」は実体化のしようがない。また，4次元での形体の実体イメージがないために，水の流れや人の立像のような，錯覚を引き出す光景を組み込むすべもない。このために，エッシャー流のだましの方法は陶芸には通用しない。言い換えれば，陶芸では実在するものしか造形できない。造形できるものは実在する！

　ただ，錯覚を誘導する方法はありそうだ。印象深い鮮明な彩色によって，見る人の意識を誘導することである。**図24-3**には，三角トーラスに，トリコロールであるいは白で，捩れを意識させるように彩色したものを示す。彩色が鮮明であり，何かの意味を持っていると，そこに意識が誘導され，本来的な形体への注意がそがれる。

---

3)　『エッシャー・マジック』杉原厚吉著，東京大学出版会 (2011)。

頂角の和が360度を超える場合の造形
Vertex Angle Exceeding 360°

　一つの頂点に集まる多面体の頂角の和が周回角360度を超える場合，多角形の造形はどうなるだろうか。周回角を超える頂点周りの造形を考察すると，素数が係る特徴が見えてくる！

　正六角板が3枚つながるときには，頂角の和は360度になり平面状に並ぶ。しかし，頂点に集まる頂角の和が385.71...になる正七角板の場合には，板が剛直体であれば，これらをつなぐことはできない。敢えてつなぐには，頂点に集まる二つの面に，曲げあるいは捩りをゆるす可塑性を持たせることが必要になる。II部では蜂巣網目に七角板，八角板を挿入したが，その頂点周りに，凹凸曲面あるいは鞍曲面を許容することによって，つなぎを維持することができた。平面幾何学からトポロジーの世界に入ることによって可能となったのだが，周回角を超える頂点周りの造形には数理的な特徴が現れる。

　図25-1には，七角板並びに八角板3枚を一つの頂点でつなごうとしたときの様子を示す。それぞれの頂角の和は，385.71...度並びに405度となるが，鞍状の反った面あるいは捩れた面を作ることができれば，つなげることができる。一般に，頂点に3，5，……といった，素数個の多角形が集まり頂角の和が360度を超えるときには，反りあるいは捩れが入った鞍状の局面を許すことが必要になる。

　これに対し，正方形の板を6枚つないで頂角の和が540度になる場合には，

図25-1　七角形，八角形3枚が頂点を共有

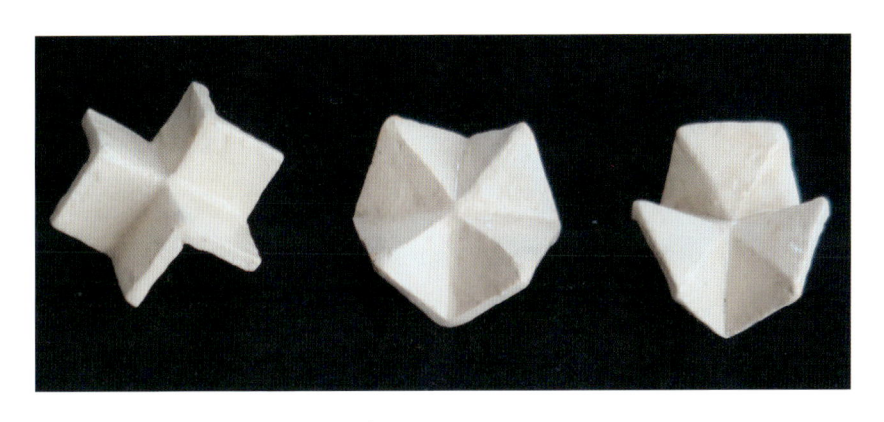

図25-2　四角形6枚，三角形8枚，三角形9枚が頂点を共有

図25-2の左端に示すような，3個の立方体の頂点部のつながりとすることができる。その右の，正三角形を8枚つないだ頂角の和が480度となる場合，9枚つないだ540度となる場合にも，平板のままで，複数の多面体のつながりとすることができる。

　すなわち，6，8，9……といった枚数の平板をつなぐときには，2，3，4といった因数枚数の凸面多面体が頂点を共有しつつ連結する構造とすることがで

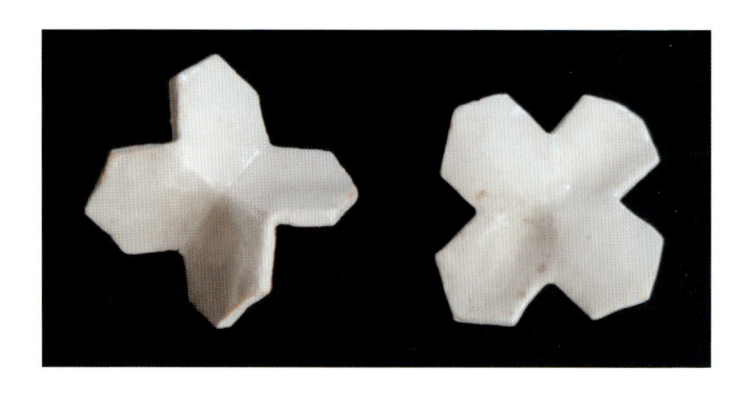

図25-3　六角形4枚で頂点を共有

きる。

　もちろん，面内に曲がりを受け入れることによって，異なったつなぎとすることもできる。**図25-3**には，正六角形が4枚つながれて，頂角和が480度になる場合に，2個の凸多面体の頂点部を共有させるようにしたとき（左）と，板面内に曲げを入れることによって全体として平面性を維持しようとしたとき（右）の例を示す。

　面に曲がりを許容するトポロジーの世界では，周回角を超える頂点周りの造形の自由度が高まり，形体も豊かになる。

　図25-4には，六角板の周りに七角板6枚，八角板の周りに六角板8枚をつけた場合を示す。六角形に二つの七角形が接したときには頂角の和が377.14...，八角形に二つの六角形が接したときには頂角の和が375度となって，360度を超える。図示のものは，全体としての対称性を持たせるよう配置したものだが，いずれの場合にも中心部の各面に捩れを許すことによってつなぎが可能になる。

　図25-5には，五角板の周りに七角板を並べたものと，九角板の周りに五角板を並べたものを示す。

　前者は，五角形と七角形2枚とが作る頂点周りの角の和が365.14...度，後

図25-4　六角形を囲む七角形，八角形を囲む六角形

図25-5　五角形を囲む七角形，九角形を囲む五角形

図25-6　七角形対を囲む七角形と五角形

者は，九角形と五角形2枚が作る頂点周りの角の和が356度となるものだが，板に曲げや捩れを許せば，写真のような凹面皿とすることができる。ここで，前者では，5が素数であるために対称性よく捩りを振り分けることはできなかったために全体として歪な形にならざるをえないが，後者では，9は3と3の因数積となるので，捩れたつなぎを3回対称で配置することができている。**図25-4**に示したのは，囲みに使われる板の数が，約数を持つ6と8であったので，3回対称，4回対称に配置することができていた。

　図25-6には，七角形2枚をつないだものを七角形（左）と五角形（右）で囲んだ場合に得られる並びを示す。前者では鞍型，後者では鉢型になっている。いずれの場合にも面内に入れる曲げあるいは捩りの導入の仕方によって鞍型，鉢型をはじめとする多様な形を探すことができるが，囲みに使われる板の数が素数である場合には，回転対称性を見つけることはできなくなる。

Ⅳ 異空間へのつながり

Toward Unusual Spaces

稲荷神社の鳥居列

花火

ブリルアン陶壷

Ceramic Brillouin Pots

　正多角形，正多面体の造形は，フラーレン，ナノチューブといった分子の空間構造を念頭に置く造形へとつながった。それに続けて，原子や分子の集合体としての結晶の形体に目を向けてみよう。幾何形体が顕わな結晶として，岩塩，水晶，ダイヤモンド，雲母などが知られ，それぞれが持つ個性的な晶癖が関心を呼び，宝石として珍重されるものもある。だが，ここでは，結晶の外形とは異なるものに目を向ける。

　結晶の性質を解明するために，物理学においては，多数の原子や分子が周期的に並ぶ状況を，逆格子空間という通常とは異なった抽象空間で捉えて，それぞれに応じたブリルアン（Brillouin）領域と呼ばれる形体を導く[1]。たとえるならは，部扉にあるような鳥居列を表現するのに，多数並べられたものをそのまま写し取った巨大なものとするのに代えて，信仰のシンボルを具象化し造形するようなことに相当する。

　ダイヤモンドの結晶に目を向けると，基本となる原子配置は**図26-1**左に示すような面心立方格子と呼ばれるものになっていて，それが無限に繰り返されて結晶が形成されているが，対応するブリルアン領域の第1段階のものは同図右に示したようなものになっている。これは，正方形と正六角形からなる切頂

　1)　たとえば，『固体物理の基礎（上）』N. W. アシュクロフト・D. マーミン著／松原武生・町田一成訳，吉岡書店（1981）。

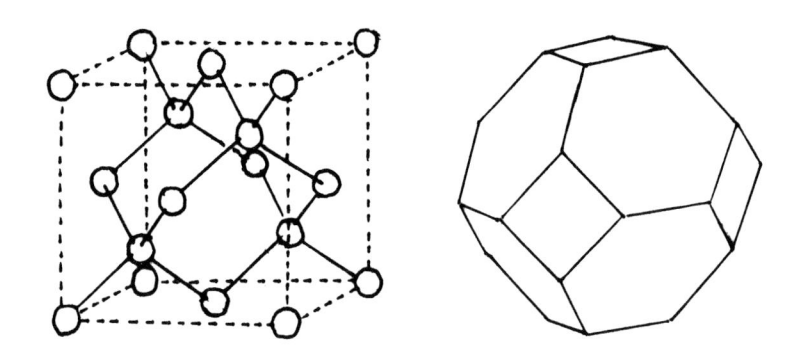

図26-1　ダイヤモンド結晶の原子配置（左）とブリルアン領域図（右）

八面体で，アルキメデス立体の一つに他ならない。したがって，ブリルアン領域だからといって目新しい形体を導くということにはならないが，理論的に導かれる抽象空間にあるべき形を実感する手立てとして，造形物としたものを**図26-2**に示す。ダイヤモンドのブリルアン領域像を基に作陶した蓋つき角壷である。ダイヤモンドの物理的なエッセンスに係る形体であることを意識して金剛陶壷と名づけたが，過ぎた遊び心と冷評されるかもしれない。

　一方，よく知られたブリルアン領域のもう一つの典型は，**図26-3**左に示す，リチウムやナトリウムの結晶構造の基本になる体心立方格子に対応するもので，そのブリルアン領域は同図右に示す菱形十二面体になっている。

　それに対応する器は，**図26-4**に示すようなものになる。

　これはアルキメデス立体群には属さない。結晶内の原子配列は立方体に準ずる対称性の高いものであるのに，その形体に一見いびつな印象を受けるが，この形はアルキメデス立体である立方八面体と双対関係で結ばれている[2]。すなわち，アルキメデス立体の各辺の中点から，その辺に直交し，立体の内接球に接するように引いた直線が辺になり，直線同士が交わる点が頂点となっている。

　2）　側面と頂点の位置を置き換えた関係にある二つの多面体を，互いに双対という。

図26-2　金剛陶壷

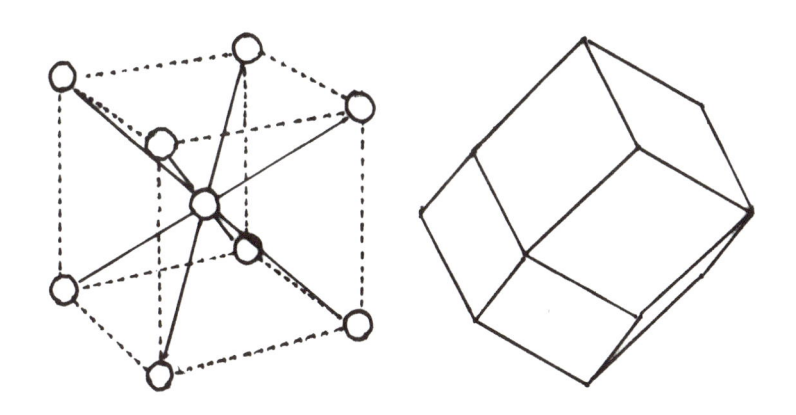

図26-3　リチウム結晶の原子配置（左）とブリルアン領域図（右）

図26-4　菱形扁壷

図26-5　切頂八面体重ねの銚子と猪口

このことから，ここにもアルキメデスの幾何が隠然と存在している。

　ここに挙げた2つの幾何多面体は，陶芸の世界でも形の美を追求する中で，取り入れられている。たとえば，金銀彩で羊歯文様などの華麗な作品作りをしていた陶芸家富本憲吉の作品の中には切頂八面体が使われている。

　ちなみに，尾形乾山には，箱型の正方の角皿や光琳との合作になる銹絵松鶴図六角皿がある。いずれも描かれた絵や書の芸術性によって名品とされているものだが，魅力的な作品の中に幾何多面体が根づいている。

　図26-5は，切頂八面体の猪口と大小二つの切頂八面体を積み重ねて銚子としたものを示す。

　なお，ここに掲げたブリルアン領域図は第1段階のもので，第2・第3段階と進むにつれて，人知を超えた複雑なものに発展するが，平面幾何学の範疇にあって，結晶が持つ回転対称性が維持されていることに特徴がある。

フェルミ陶皿
Ceramic Fermi Plates

　前章でブリルアン領域という，理論空間で見られる形体を取り上げたが，結晶が金属であるときには，その領域内にフェルミ（Fermi）面と呼ばれる空間構造が現れる。その形は物質の特性に応じた様々な興味深い形態を持つことになるが，結晶の対称性を持っていることに特徴がある。ただ，一般的に複雑なものとなり，もはや，古典幾何学に類似のものを見つけることはできなくなる。

　しかし，ある種の物質では，単純化されたものが導かれ，目新しい造形のヒントになるものが見出される。**図27-1**には，層状に配列した有機分子で形成

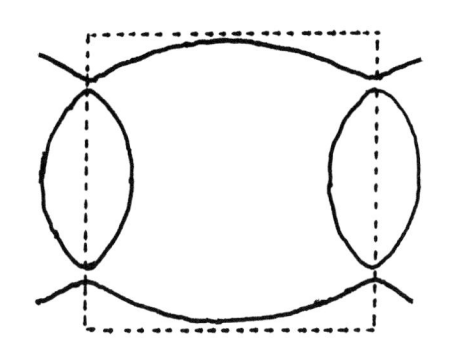

図27-1　有機金属のフェルミ面

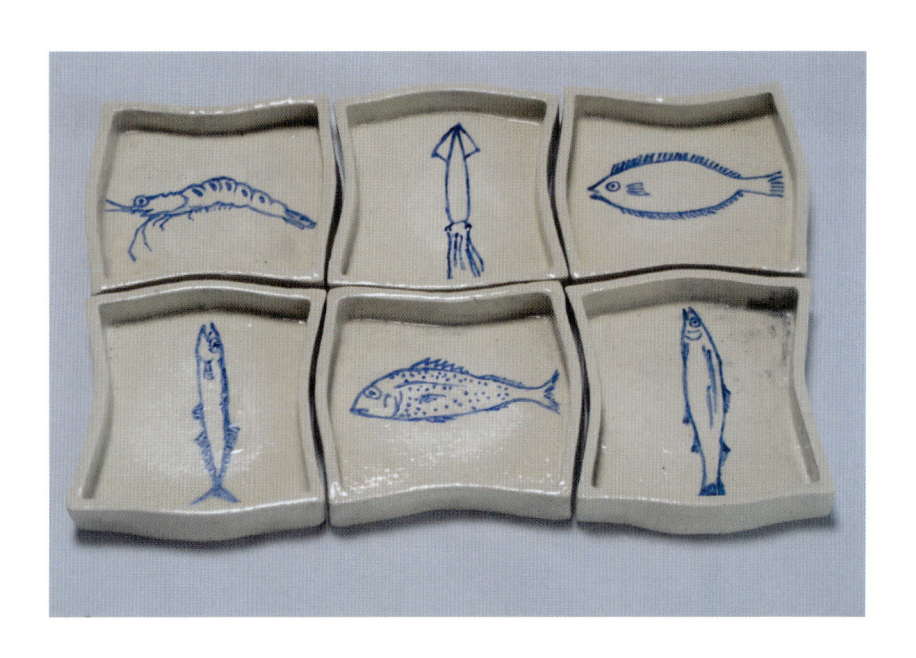

図27-2　有機分子金属のフェルミ陶皿

される金属に見られるフェルミ面の例を示す。[1]

　図27-2に示すものは，それに倣って造形した皿のセットである。円弧の一部を凹凸でつなぎ合わせたもので，江戸時代の肆両分銅を連想させる形になっている。

　さらに，そうした物質は，板状分子の積層によって構成されていることが知られている。そうした積層構造にヒントを得て作った皿を**図27-3**に示す。練り込みと呼ばれる手法で縞模様を作るように白粘土と黒粘土の板を積み重ねたものを帯状に裁断し，互いをずらしてつなぎ合わせたものである。皿の素地の模様は，分子の配列構造を反映し，その外形は，配列構造に従えば**図27-3**の左に示すように尖った山形になる。**図27-3**右には，外形にフェルミ面の形を

　1)　たとえば，『Organic Superconductors』石黒武彦・山地邦彦・斎藤軍治著，Springer（1998）。

図27-3　積層分子の陶皿（横12.5cm）

取り入れて成型したものを示す。

　原子や分子からなる結晶の構造をエネルギーの高さを表示できる空間（逆格子空間）に変換し，そこに内包される電子のエネルギーの等高面を描くと，通常世界では目にすることがない人知を超えた精緻で巧みな形体が現れる。フェルミ面はその一例であり，**図27-1**に掲げたものはその最も単純なもので，自然の摂理に基づく構造は曲面から成る複雑なものになりがちだが，結晶が持つ回転対称の美がしっかりと根づいている。そこにはシュールな芸術インスピレーションを掻き立てるものがある。

4次元への接近
Approach to Four-Dimension

　陶芸造形は3次元空間で実現されるものだが，平面（2次元）の多角形（多辺形）から，立体（3次元）としての多面体に進むと，その先には4次元超多面体[1]（4-polytope）が現れる。3次元空間に棲む我々には，それらを可視化し，実体化することはできないが，3次元への投影，3次元での展開などの手法で実体を推察するための表現方法が知られている。コンピュータ・グラフィックスなどによって導き出されたものを基とした紙，針金，プラスチックなどを用いた造形が試みられ，図形，建築デザイン，抽象芸術などにそのエッセンスが取り入れられつつある[2]。

　陶芸にもこうした，投影体，展開物を造って，思考を検証し教育用の展示物を造ることなどはできそうだ。また，それを超えた何か新しい形体を導くことができるかもしれない。

　ここでは，立方体の4次元版とも呼ばれる正八胞体の3次元投影図として，**図28-1**に示すようなものが知られている[3]ことに着目する。それは，図らずも

---

1)　多胞体（polycell）ともいう。
2)　『目で見る高次元の世界』トマス・F. バンチョフ著／永田雅宜・橋爪道彦訳，東京化学同人（1994），『高次元図形サイエンス』宮崎興二編著，石井源久・山口哲共著，京都大学学術出版会（2006）。
3)　3次元の立方体の2次元投影図として正方形の中に正方形を置き頂点を線で結ぶものが描ける。これに対応する4次元の立方体の3次元における投影図は立方体に立方体を収めた図示のようなものになる。

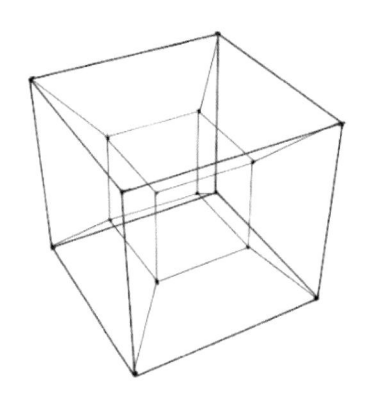

図28-1　正八面体の3次元投影図

これまでに造形した産物の中にあることがわかった。すなわち，3章で取り上げた正多凹面体に通ずる，**図28-2**として示す作品である。不透明材を素材とする陶芸では，板に囲まれた内部を見通せない制約があるが，その外観は表現でき，器を造る取り組みでは出会えない形体を手にすることができる。ちなみに，パリの新凱旋門といわれるグフンダルシュ（Grande arche）はこの形体がヒントにされたといわれている。

　滋賀県美術展に入選したときに，「異次元への窓」と題していた**図3-6**の作品は4次元投影体のイメージにつながるものになっている。**図28-3**として再掲する。ただし，これらは4次元立方体を3次元に投影した形体から導かれる心象の拡張によって得られたアート作品にすぎない。正四面体，正八面体，正二十面体に相当する4次元超多面体である正五胞体，正十六胞体，正六百胞体の投影体は新奇なアートに結びつきそうだ。

　ところで，3次元に目を向けたとき，現実世界での対応法として，時間軸を取り入れて高次元化を装うことがある。その立場を受け入れて，回転とともに様相を変える「狆穴子」（**図16-2**）に着目し，**図28-4**に示すような回転台に乗せてその変化を鑑賞できるようにした。

図28-2　正八胞体の投影体（高さ 7 ㎝）

図28-2　「異次元への窓」　2016滋賀県美術展

図28-4 回転台の「独穴子」

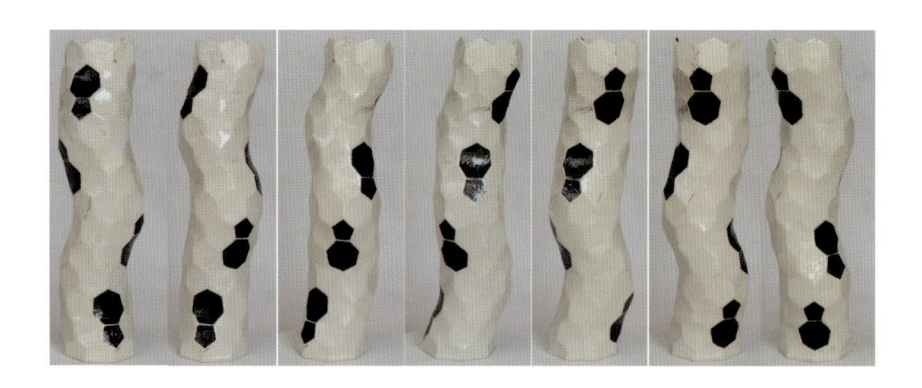

図28-5 回転によって時とともにゆらゆらと形を変える「独穴子」

図28-5には，「狆穴子」の異なった回転位置における像を，時間変化を追うように並べた。そもそも，蜂巣チューブに捩れを入れる五角形七角形対を異なった位置に配置したものを並べたのは，様態が異なる複数個によってチューブの捩れが変化する様子を表現できるとの思いがあったからである。1本を回転して時間とともに変わるその姿に代えて，静止した作品群で回転する置物の時間変化を表現することを意図していた。

　捩れが異なった4本のチューブの回転に代えて，その回転像を様々に並べるのも一興だろう。夏の夜空では，豪華な模様がその姿を変えつつ重なり合う花火が人々を惹き付ける。花火の多重写しは時間変化をとどめる一つの方法といえるだろう。時間変化を楽しむ陶芸作品があってもよいはずだ。

工房陶芸の方法 Method of Ceramic Art

　本書では，正多面体などの小型陶容器を紹介することから始めたが，これら
は，紙，木材，ガラスなど様々な素材で形成されている。陶芸で取り組んだの
は，粘土での整形，釉薬の選択，焼成による変化などを経て，個性的な作品作
りを楽しむことができるばかりでなく，柔軟な塑型材によって新しい形体の創
造を楽しむことができると思えたからである。

　陶芸作品は，粘土素材の成型の後，乾燥，素焼，施釉，釉焼成の過程を経て
制作される。粘土は，珪酸，アルミナからなる微粒子を主成分とし水分を含む
ことによって，成形に適した可塑性がある素地になっているが，含有水分量に
応じて泥漿状から固体状へとその性質を大幅に変化させることができる。本書
に掲載した作品の制作では，厚さ5mm程度の固体状の粘土板を用意して多角形
板を切り出し，それらを軟らかな粘土で接合させることを基本的な成型過程と
した。

　通常，粘土板作りにはタタラの板作りの方法が採用される。一定の厚さの長
尺板を二列に並べてその上をピンと張った細い針金を滑るように移動させて，
間に置かれた粘土の固まりをスライスしてゆく手法である。しかし，これで作
る粘土板は軟らかすぎる。そこで，極薄のビニールシートの上に粘土の固まり
を置き，両側に所定の厚さを持つ長尺板を並べてその上をそば打ち棒のような
円柱棒を押し付けるように転がせて板成型する方法を取った。ビニールシート
には加圧成型した粘土板が下地に粘着することを防ぐ効果がある。粘土として
は水分が少なめのものを置き，体重をかけて板状にし，これをさらに乾燥させ
ることによって一端を持ってもへたってしまうことがない板とした。次いで，
設計図を基に作った型紙を当てて刃渡り10cm程度のカッターの刃を上から押

し当てて裁断した。このとき粘土が硬化しすぎると刃が通らないし，軟らかすぎればなまった裁断面になる。温度と湿度を見計らいつつ室内に置くことによって硬さの頃合いを見て板成型したが，春の温和な日には半日かけたものが夏の晴れた日には1時間程度で済んだ。

　粘土板の接合に際しては，接着面を仕上がり角度に応じて切り出した後，軟らかな粘土を盛り上げて押し付けた。紐状に作った粘土を接合部に当てて接着補強もした。多様な形状を持つ板をつなぎ合わせる角度や手順などを考慮して成型したものは，1週間余りかけて乾燥させた後，焼成窯に入れて5，6時間程度かけて徐々に昇温し760℃程度まで温度を上げる素焼き過程にかけた。これによって乾燥後も残っていた水分が蒸発するとともに，結晶水として残るものも放出される。この水分蒸発過程の他，粘土に含まれる珪石が573℃で体積変化を伴う変性点を通過することを考慮しつつ，昇温し続けて組成微粒子の焼結を進行させる。その結果，耐水性を備え（もはや水につけても粘土には戻らない），同時に多孔質で吸水性を持つ素焼作品を得る。

　素焼を終えた作品には液状に溶いた釉漿をかけ，釉焼成過程に進める。このとき素焼きの吸水性は釉薬をしっかりと付着させることを可能にする。釉薬をかけた作品は再び焼成窯に入れ，10〜12時間かけて1,230〜1,260℃まで昇温し，半時間以上高温状態に保持する釉焼成の過程にかけた。その後は燃焼を止めて封じきって20時間近くかけて徐冷した。

　釉焼成によって，釉薬に含まれる成分に応じた呈色効果や表面装飾効果が現れ，吸水性がない表面が得られるとともに，素地と反応して機械的強度が向上した陶芸作品を得ることができる。

　ここで留意すべきは，釉焼成過程を経ると目立った収縮が起こり，粘土での成型時のそれより1.5割程度縮小することである。粘土の中の水分，結晶水などが抜けるとともに成分微粒子が焼結することによるもので，最終的に得られる作品の形にはこの収縮の影響が著しく現れ，その趣に関わる。組成の異なる粘土の接着には線膨張係数などの差が生じることに対する注意も必要である。

　なお，焼成に先立つ一連の乾燥過程において，粘土の性質はその水分の違い

に応じて変化し添加などによって含有水分を調整することが可能だが，一度乾燥が進んだ後に，追加的に水分を添加することは乾燥途上あるいは焼成過程でひびを入れ，破損させることにつながる。乾燥しきった粘土成形物でも十分に粉砕して粉に戻したのち加水によって粘土の本来の性質を持たせることはできるが，成型物の乾燥途上での加水は避けなくてはならない。乾燥に伴う水の抜け方と，加水による水の入り方が異なっていることを示している。

　成型中にも水分が抜けるので張り合わせ作業は，乾燥が進まないうちに進める必要がある。後で，追加的に張り付けた個所は，剥がれやすいだけでなく水分の貫入による割れを誘発させる。

　このようなことに注意すれば，適度に硬化した板に力を慎重にかけることによって，緩やかに曲げ，引き伸ばしあるいは押し縮めるどによって，形を操作することができる。このことは造形の自由度を高め，新しい形を実現し，また発想をすぐに検証することを可能にする。著者が陶芸での造形に深入りすることになった所以である。

　以上は幾何立体を組み立てることを念頭に置いた議論だが，通常の陶芸では手捻りや紐づくりなどによる自由な形，彫刻的な塑像，あるいはろくろを使った回転体を実現している。また，石膏などの型を使った造形法も多用される。陶芸で造形に取組むならばこういった手法も併用できる。たとえば，一方向に開放された形体であれば石膏や厚紙などで型を作りそこに板状の粘土を強く押し当てることによって造形することができるし，手の込んだ形であってもうまく分解して同型のものを量産し，対称性を持つように配置するなどによって数理的に興味深いものを造形することもできる。木工などにはない長所というべきであろう。

　また，彩色には，本焼き時に施釉し1,200℃程度で発色させる方法をもっぱらとし，磁器の彩画にみられる850℃程度で焼成する上絵彩色の方法は採らなかった。均質で鮮明な色付けをするときには，ポーセライン150を用い，150℃で定着させる彩色法を採用した。

参考文献

『陶芸入門』江口滉著，文研出版，1973年。

『入門　やきものの科学』多賀井秀夫著，共立出版，1974年。

『陶芸の釉薬入門』E. クーパー・D. ロイル著／南雲龍比古訳，日賀出版社，1995
　年。

関連作品 Related Art Works

石黒登美子作
By Tomiko Ishiguro

方形皿 (1辺22cm)

六角大皿 (1辺18cm)

「スリー・ツィスト」（高さ40㎝）

「まがたま」（高さ26㎝）

Short Introduction and Figure Legends

Ceramic Art Approach to Polyhedrons
— Fullerene, Nanotube, Topology —

This book presents the ceramic art works referring to the geometrical polyhedrons, the mathematical models, and the structures of molecules, as the clue of the figurative arts, believing that there should be the beauty coming from the natural rules. Fortunately, some of the masterpieces were accepted for presentation at public art exhibitions, probably due to the fresh aspects coming from the geometry. This volume includes an anthology of such works, mentioning the background and the derived charm. It is advantageous that the visual image of the ceramic forms enables to know the geometry by intuition; a picture is worth a thousand words. Starting with the basic forms, the presentation proceeds to complex and amazing polyhedrons.

Contents

Let us start the figurative arts from the polygonal plates.

First, the *pentagon* plates are shown in Fig. 1-1. Figure 1-2 represents small *hexagon* plates with gear shaped edging. One may take any amount of the sides for polygons, but we present here just the *triangle, square,* and *heptagon* small plates in Fig. 1-3. Then, we proceed to the stereoscopic modelling with use of regular polygons, the *regular polyhedrons*, such as *tetrahedron, cube, octahedron, dodecahedron, icosahedron.* They are called as *Platonic polyhedrons,* limited 5 in number. In Fig. 1-4, small containers corresponding to the Platonic polyhedrons are represented.

By cutting the vertexes so as to leave regular polygons, one can get *quasi-regular polyhedron,* called *Archimedes polyhedron.* They are the stereoscopic convex polyhedrons consisting of plural number of regular polygons with congruent vertexes contacting to the sphere. Kepler showed that the number is limited to 13.

Figure 2-1 represents the potteries with some of the Archimedes sold structure. The produced by cutting the vertexes of icosahedrons as shown in Fig. 2-2 is nothing but the shape of a *soccer ball.* This polyhedron consists of 12 pentagons and 20 hexagons with 60 vertexes. The carbon molecule consisting of carbon (C) atoms at the 60 vertexes represented as C_{60} is known as *fullerenes.* Figures 2-3 and 2-4 represent the *cuboctahedron,* possessing the basic symmetry of 2016 FIFA ball, and the *twisted dodecahedron,* the quasi-regular polyhedron closest to the sphere.

Prior to proceeding toward the fullerene world, let us take up the *stellar polyhedron.* Kepler found the stellar polyhedrons formed by extending the edges of the dodecahedron and the icosahedron. In the meantime, the author produced the stellar polyhedrons shown in Fig. 3-1 by putting pentagonal pyramids on the faces of the dodecahedron (left) and by putting triangular pyramids on the face of the icosahedron (right). Figure 3-2 shows *da Vinci star.* Figure 3-3 shows a masterpiece named "Stellar tower" presented at a public art exhibition. Figure 3-4 represents a stellar polyhedron type container with short horns.

During the search of some original stellar polyhedrons, the author got an idea to create concave polyhedrons by setting the horns inward as shown in Fig. 3-5. Figure 3-6 represents a set of the *concave polyhedrons* for *delta regular polyhedrons*, named "Windows toward unusual dimension" presented at a public art exhibition.

Now let us proceed to *regular complex polyhedrons*, consisting of plural number of regular polyhedrons. There, the author focused on the solids with *chiral symmetry*. Figure 4-1 shows one of the masterpieces. Since the resulted number of the faces becomes 60, the masterpiece was named *chiral hexecontahedron*. Figure 4-2 represents the chiral pair. The chiral symmetry can be found also in the *snub cube* shown in Fig. 4-3.

When the two counter vertexes were removed from the icosahedron, we got a pottery as shown in Fig. 5-1. In Fig. 5-2 a modified vase with extended pentagons in the upper half is shwon. Figure 5-3 shows the result of the joining of elongated parallelograms, while Fig. 5-4 shows a lantern-shaped vase. Figure 5-5 shows a twisted hexagon-based vase.

The soccer ball shape can be formed by truncating the vertexes of the icosahedron. By shifting the cut planes along the diagonal, various kinds of the *truncated icosahedrons* are made, as shown in Fig. 6-1.

Figure 7-1 represents sake-vessels and cups formed by the combination of white/black clay plates. Figure 7-2 shows vases, while Fig. 7-3 shows a bird-shape vessel and a pot with three spouts. Figure 7-4 shows a set of planters. Figure 7-5 shows a pottery with fish patterns.

Figure 8-1 shows C_{70} structure with 25 hexagons. Figures 8-2, 8-3, and 8-4 show a variety of potteries.

During challenge to produce C_{140} structure, we encountered a problem: the pottery, stood in the bisque-firing reaching 760℃ as shown in Fig. 8-5, collapsed on heating up to 1,260℃ for the final firing as shown in Fig. 8-6. Then, instead the assembling, the pattern with a pentagon in the center was engraved on a bowl as shown in Fig. 8-7; *one-fourth pattern of* C_{600}.

The golf balls having the multiple dimples can have fullerene configuration, where the dimples stay at the face-center, in contrast to the case of the molecules with atoms at the vertexes. Figure 8-8 shows the structure with 122 dimples corresponding to C_{240} structure.

Figure 9-1 represents the *fullerene lattice*. Figure 9-2 shows a pottery with the frame in upper half. Figure 9-3 is a master piece named "Opened egg". Figure 9-4 shows the C_{82} structure with 32 hexagons.

The *multiple fullerene* potteries were produced by putting the C_{20} fullerene on C_{60} fullerenes as shown in Fig. 10-1. Figure 10-2 shows a combination of open-pentagon fullerene and concaved pentagon fullerene. Figure 10-3 shows C_{108} structure by combing C_{24}, C_{36}, and C_{60}, named "108 vertex pottery with bird patterns".

Figure 11-1 represents the *fullerenes with superposed stellar polyhedrons*. Figure 11-2 shows the masterpiece with a neck on top, named "Horned white pottery". Figure 11-3 shows a combination of the polyhedrons named "Five dolls".

Figures 12-1 and 12-2 show *nested dodecahedron bowls*. Figure 12-3 and 12-4 show the plates of three-dimensional check plates.

Figure 13-1 shows a *decagon plate* with the *Penrose pattern*.

Figure 14-1 represents a clock with the *graphene* pattern. Figure 14-2 shows a pottery with the *nanotube* structure.

When a heptagon/pentagon is introduced into the graphene plane, the sheet is warped. Figure 15-1 represents the local arrangement. The alignment around a *pentagon-heptagon pair* is shown in Fig. 15-2. Figure 15-3 shows a cup with *pentagon and heptagon* in pair, while Fig. 15-4 that in pieces. In the latter case, the hexagon alignment changes between *zig-zag* and *armchair* types. Figure 15-5 shows the bowls, whose shapes are determined by the involvement of distributed pentagons and heptagons.

Figure 16-1 shows the waving nanotube vases caused by the *distributed pentagon-heptagon pairs*. Figure 16-2 shows a masterpiece consisting of a set of the *waiving nanotubes*, named "Conger eel".

Figure 17-1 represents a set of tubes with *periodically distributed pentagon-hexagon-heptagon*. Figure 17-2 shows a tube consisting of *pentagon-heptagon pairs*.

Figure 18-1 represents an upper-half of a *nanotube torus* formed with the involvement of pentagons and heptagons.

Figure 19-1 shows a *Y-branched tube* under the involvement of the distributed heptagons and pentagons. Figure 19-2 is a Y-branched tube containing octagons, with a head-like part. Figure 19-3 is a Y-branched tube with a shape of two ears.

Figure 20-1 was named "Five-petal white pottery". Figure 20-2 shows an ash-tray. Figure 20-3 shows a set of containers demonstrating a change from bud to blooming, enabled by pentagons and heptagons.

Figure 21-1 represents the *Möbius ring*. Figure 21-2 shows the rings with two and three twists. Figure 21-3 shows the folded rings with two and three twists. Figure 21-4 shows the rings with four, five and six twists.

Proceeding to the works with *prism tubes*, a *one-sided prismatic tube* was formed into a square torus as shown in Fig. 21-5. With two twists, shown in Fig. 21-6, the torus is colored in two ways. Three twists result in a *one-sided polyhedron* as shown in Fig. 21-7. Four twists decorate the torus in *four colors* as shown in Fig. 21-8. The four tori are shown together in Figs. 21-9 and 21-10. Figure 21-11 shows a *four-colored arch gate*, with twists at the corners.

By the way, for the case of the *tetrahedral framework* shown in Fig. 21-12, the number of topological hole should be three, according to the method of the triangle division method.

Figure 22-1 shows a vase designed after the *Klein bottle*.

Figure 23-1 shows a colored *trefoil knot* for the triangular prism tube with three twists. The other side is shown in Fig. 23-2.

Figure 24-1 shows the trigonal torus of the rectangular tube. This reminds us the mysterious *Penrose triangle*, shown on each surface of the tetrahedron in Fig. 24-2. The Penrose triangle is a sort of *Escher's trompe l'oeil*, giving an image of the unrealistic world. For that, a trick utilizing the stereotype illusion is essential. Figure 24-3 demonstrates the color tricks hampering the underlying chevron structure.

For the polyhedrons, it is essential to have the sum of corner angles of the connected polygons to be less than $360°$. However, we show here the cases with the angle sum *more than $360°$*, in that the *primality in the combination number* plays a critical role. Figure 25-1 shows the cases of three heptagons and octagons, giving $385.71\ldots°$ and $405°$, respectively. To share the vertex, the polygons should be warped. In contrast, Fig. 25-2 represents the cases for 6 squares, 8 triangles, and 9 triangles, shearing the vortex without warping. Figure 25-3 shows the cases for 4 regular hexagons with warping. Figure 25-4 shows the cases for 6 heptagons around the hexagon and 8 hexagons around the octagon. Figure 25-5 shows the heptagons around the pentagon and the pentagons around the nonagon. Figure 25-6 shows the pentagons and heptagons around a set of two heptagons.

Figure 26-1 illustrates the atomic arrangement of diamond and its first *Brillouin zone* while Fig. 26-2 shows the related pottery. Figures 26-3 and 26-4 represent those for lithium metal. Figure 26-5 shows a sake-decanter and a small cup.

Figure 27-1 illustrates one of the *Fermi surfaces* of organic metals, while Fig. 27-2 shows a set of related plates. Figure 27-3 shows the plates with the pattern (left) of stacked planar molecules and that (right) of the molecule stack with the Fermi surface contour.

Figures 28-1 illustrates the projection of the *four-dimensional* cube, while Fig. 28-2 shows a related ceramic work. Figure 28-3 is the photo of the concave delta regular polyhedrons, presented with the name of "Windows to another dimension".

Incidentally, by introducing the time one can approach to the *four-dimensional space*. The time-lapse image of the rotating waving 5-6-7 tube may demonstrate the time-projection. Figure 28-5 shows a set of snapshot pictures enabled with a rotary table shown in Fig. 28-4.

あとがき

　幾何多面体をモチーフとして陶芸に取り組むにあたって，美術展への出展を目指すことを目標の一つとしたが，そのために必要なことは会場で見栄えがする大きな作品とすることとともに，新奇なものを創作することであった。陶芸では釉掛けや焼成法で多様な作品を造ることができるが，形体，それも幾何多様体として新しいものを編み出すことを心がけた。そうした中で，物質科学や幾何学で従来の視野にはなかったと思われる次のようなものに巡り合うことができた。

　まず，17章の五七チューブと五六七チューブは，ナノチューブとして存在して当然と思われるものだが，文献検索ではその報告に巡り合わせていない。また，21章で取り上げた角柱の捩れリング，22章で取り上げた角柱の結び目は，それぞれ帯と紐が対象とされてきたところに，彩色数が新しい変数となるばかりでなく，内面と外面が区別できる角柱で実現されている。数学の入門書，啓蒙書を読み漁った限りではこのようなものが取り上げられた例を見ない。さらに，25章に記した，頂角の和が360度を超える複数個の多面形がどのようにつながるかについても問われた節がない。

　そもそも考えられていないと思われることを伝えることは容易ではない。しかし，陶芸作品には，論考を要することなく一目に基づく直観に訴える力があるように思う。海外にも関心を寄せて頂ける方があれば幸いと英文での抄訳と図説明も添付した。

　陶芸に取り掛かって10年ばかりで，本書に掲げた作品群を制作できたのには，連合いの登美子が陶芸を趣味とし，そのための技術を習得し，道具を揃え，陶芸窯を設置するなどのお膳立てをしてくれていたことがある。発想したものを実体化するには，粘土，釉薬をはじめとする素材，成型技術，施釉，焼成に関する知識と技倆に通じることが必要だ。それとともに，美意識を培うことも大切と心得，古今東西の陶芸作品に関心を向け，創作のヒントを求めて美術展

にも足を向けた。

　学生時代に美術部オタクとして油絵に取り組んだ登美子は，調布市の航空宇宙技術研究所に勤務する間に，余暇を見つけて国分寺市の西和陶芸に通い，辛島詢逸氏に師事した。氏は陶芸家としてその作品を展開されることはなかったようだが，高度な専門知識を備えられ，陶芸の技術，造形の方法，鑑賞法に至るまで多くのものを授けられた。粘土の性質，組成と彩色・焼成との関わり，釉薬の造り方と性質，その処理，高温下での状況など，陶芸のすべてに関わっていた。本書に提示できたような作品造りには，通常の陶芸の指導書にはないような状況に対処する必要があったが，連合いは作品制作のよい相談相手となってくれた。

　本書に掲げた陶芸の技法の要点を，付録として収載した。また，制作できたいわば理系センスの作品は，著者の発想に基づくものだが，彼女の作陶の影響を受けていることは否定できないとともに，その作品はより美術作品らしいものへの橋渡しもしているように思える。付録として関連しそうな作品のいくつかを添えた。

　最後に，陶芸を楽しむ機会を与えてくださった大津楽陶会の皆様にも感謝の意を表し，本書を閉じたい。

　2019年3月

　　　　　　　　　　　　　　　　石黒　武彦

■著者略歴

石黒武彦（いしぐろ　たけひこ）
1938年　大阪府生まれ。
大阪府立高津高等学校，京都大学大学院工学研究科を経て，
工業技術院電子技術総合研究所・京都大学大学院理学研究科・同志社大学ヒューマンセキュリティ研究センターに勤務。

陶芸で多面体
　　　　——フラーレン，ナノチューブ，トポロジー——

2019年4月20日　初版第1刷発行

著　者　石黒武彦
発行者　白石徳浩
発行所　有限会社 萌　書　房
　　　　〒630-1242　奈良市大柳生町3619-1
　　　　TEL (0742) 93-2234 / FAX 93-2235
　　　　[URL] http://www3.kcn.ne.jp/˜kizasu-s
　　　　振替　00940-7-53629
印刷・製本　共同印刷工業・藤沢製本

ISBN978-4-86065-131-2

中村興二著

十六羅漢図像学事始め

A5判・上製・カバー装・232ページ・定価：本体2800円＋税

■十六羅漢が描かれた図像群を，そこに登場する鬼神や動物といった脇役たちと絡めつつ，佛教伝播のプロセスも踏まえながら，説話図として縦横に読み解いた一冊。

ISBN 978-4-86065-063-6　2011年11月刊

田之頭一知著

美と藝術の扉
──古代ギリシア，カント，そしてベルクソン──

A5判・並製・カバー装・220ページ・定価：本体2000円＋税

■感性領域における価値の流動化と，制作活動が持つ意味の多様化という状況を踏まえ，美しいものをそれ自体の側から考察しようとする美学の原点に立ち返り，その根源的意義を考察。

ISBN 978-4-86065-109-1　2017年3月刊

米澤有恒著

アートと美学

A5判・並製・カバー装・268ページ・定価：本体2200円＋税

■一体アートは芸術現象なのか，経済現象なのか。そもそもアーティスト本人さえ「考えれば考えるほど分からなくなる」状態である。本書は，そんな疑問にスッキリとお答えする一冊。

ISBN 978-4-86065-041-4　2008年9月刊

森田亜紀著

芸術の中動態
──受容／制作の基層──

四六判・上製・カバー装・278ページ・定価：本体2800円＋税

■能動でもない受動でもない第三の態「中動態（相）」をキーワードに，受容（鑑賞）のみならず制作の側面からも，芸術体験の成り立ちを内側から探求した野心的書。

ISBN 978-4-86065-073-5　2013年3月刊